U0280838

全国中等职业教育水利类专业规划教材

施工现场管理

主　编　陈建国
副主编　李小琴

中国水利水电出版社
www.waterpub.com.cn

内 容 提 要

本书是全国中等职业教育水利类专业规划教材，是根据应用型人才培养目标的要求编写的。全书共 8 章，主要内容包括：概述，施工进度计划原理与管理，施工现场质量管理，施工现场合同及成本管理，施工现场技术管理，施工现场资源管理，施工现场安全管理与文明施工，施工现场收尾管理。

本书密切结合我国水利及其他土木建筑工程施工的特点，力求贴近施工现场管理的实际需要，并注重现场管理的可操作性。本书既可作为中等职业学校水利水电工程技术专业的教材，也可作为其他土木工程相关专业的教材，同时可供建筑企业各级管理人员参考使用。

图书在版编目（C I P）数据

施工现场管理 / 陈建国主编. -- 北京 ： 中国水利
水电出版社，2010.4 (2021.1重印)
全国中等职业教育水利类专业规划教材
ISBN 978-7-5084-7385-7

Ⅰ．①施… Ⅱ．①陈… Ⅲ．①建筑工程－施工管理－
专业学校－教材 Ⅳ．①TU71

中国版本图书馆CIP数据核字(2010)第057338号

书 名	全国中等职业教育水利类专业规划教材 **施工现场管理**
作 者	主编 陈建国　　副主编 李小琴
出版发行	中国水利水电出版社 （北京市海淀区玉渊潭南路 1 号 D 座　100038） 网址：www. waterpub. com. cn E - mail：sales@waterpub. com. cn 电话：(010) 68367658（营销中心）
经 售	北京科水图书销售中心（零售） 电话：(010) 88383994、63202643、68545874 全国各地新华书店和相关出版物销售网点
排 版	中国水利水电出版社微机排版中心
印 刷	清淞永业（天津）有限公司
规 格	184mm×260mm　16 开本　12.25 印张　290 千字
版 次	2010 年 4 月第 1 版　2021 年 1 月第 3 次印刷
印 数	4501—6000 册
定 价	**42.00 元**

凡购买我社图书，如有缺页、倒页、脱页的，本社营销中心负责调换
版权所有·侵权必究

前　言

　　本书是根据教育部《关于进一步深化中等职业教育教学改革的若干意见》（教职成［2008］8号）及全国水利中等职业教育研究会2009年7月于郑州组织的中等职业教育水利水电工程技术专业教材编写会议精神组织编写的，是全国水利中等职业教育新一轮教学改革规划教材，适用于中等职业学校水利水电类专业教学。

　　施工现场管理对工程质量，特别是施工质量有着重要的控制作用，现场管理工作的好坏直接影响着整个项目管理水平的高低，是项目管理工作中重要和不可缺的部分，抓好现场管理工作将对整个项目管理工作起着积极的作用。

　　施工现场管理就是运用科学的管理思想、管理组织、管理方法和手段，对工程施工现场的各种生产要素，如人（操作者、管理者）、机（设备）、料（原材料）、法（工艺、检测）、环境、资金、信息等，进行合理配置和优化组合，通过计划、组织、控制、协调等管理职能，保证施工现场能按预定的目标，实现优质、高效、低耗、按期、安全、文明生产的一种管理活动。

　　施工现场管理是一项具体而细致的工作，也是一项科学性、实用性、综合性非常强的工作，施工企业的各项管理工作，也要通过施工现场管理来反映。鉴于施工现场管理在整个项目管理中的重要性和不可替代的作用，作为现场管理人员必须要不断提高自身的素质，才能适应现场管理的要求：一是现场管理人员必须掌握有关的法律知识和有关合同、协议的管理规定。二是现场管理人员必须具有相应的、广泛的专业技术知识，因为现场管理工作也是一种技术管理工作，现场管理人员常常需要对现场需要增加或减少的工作量、对设计的局部修改进行明确的判断分析，及时会同设计、施工、监理等各方的技术人员解决问题，所有这些都要求现场管理人员应当具有扎实的技术知识作保障。三是现场管理人员必须具有一定的组织协调能力，协调就是联结、联合及调和所有活动及力量。四是现场管理人员也必须具有一定的预见性和前瞻性，一个没有预见性和前瞻性的现场管理人员将无法根据掌握的情况做出相应的分析、判断和改进措施，也就不能很好地对工程的质量和工期进行控制，甚至导致整个工程无法达到预期的质量、工期指标。

在工程建设施工现场管理日趋规范的今天，提高工程施工现场管理人员的管理能力，在确保工程质量的前提下，最大限度地降低成本，提高生产效率和经济效益，已成为工程建设行业的重要课题。

本书由宁夏水利电力工程学校陈建国任主编，甘肃省水利学校李小琴任副主编。第一章由河南省水利水电学校张家亮编写；第二、第五、第七章由宁夏水利电力工程学校陈建国编写；第三、第八章由甘肃省水利学校李小琴编写；第四章由河南省郑州水利学校李俊杰编写；第六章由河南省郑州水利学校李玲编写。

本书本着实用、够用的原则，既重视对施工现场管理理论知识的阐述，又在收集整理工程建设施工现场管理经验的基础上，注重对施工现场管理人员实际工作能力的培养。

由于编者的水平有限，书中的错误及不妥之处在所难免，恳请广大读者批评指正。

编　者

2010 年 1 月

目录

第一章 概 述

第一节 施工现场管理

一、施工现场的管理

施工现场管理就是运用科学的管理思想、管理方法和管理手段，对施工现场的各种生产要素（人、料、机、法规、环境、能源、信息）进行合理配置和优化组合，通过计划、组织、控制、协调、激励等管理职能，以保证施工现场按预定的目标，优质、高效、低耗、按期、安全、文明地进行生产。

在建筑工程施工中，新技术、新材料、新工艺、新设备不断涌现并得到推广应用，信息技术与工程技术相互渗透结合，在施工阶段更需要多专业、多工种、多个施工单位的协调配合。因此，施工现场管理如何适应现代化大生产的要求，已成为建筑业深化改革的一个重要内容。企业现代化生产的特点是专业化、协作化、社会化，它要求整个生产过程和生产环境实现标准化、规范化和科学化管理。因此，作为企业管理的基础——施工现场管理只有按标准化、规范化和科学化的要求，建立起科学的管理体系、严格的规章制度和管理程序，才能保证专业化分工和协作，符合现代化生产的要求，才能保证施工质量和工期，做到文明安全施工，提高劳动生产率，降低成本，提高企业效益，促进企业的发展。

施工现场管理是对施工过程中各生产环节的管理，它不仅包括现场施工的组织管理工作，而且包括企业管理的基础工作在施工现场的落实和贯彻。施工现场管理的主要内容包括：设置现场组织机构，明确组织职能；施工现场进度管理；施工现场质量管理；施工现场的合同及成本管理；施工现场的技术管理；施工现场的资源管理；施工现场安全管理与文明施工和施工现场的收尾管理等内容。

二、施工现场管理组织机构的设置

施工现场管理组织机构是施工企业临时性的基层施工管理机构，其目的是使施工现场更具有生产组织功能，更好地实现施工项目管理的总目标。它是施工项目管理的工作班子，置于项目经理的领导之下。

（一）施工项目管理组织机构设置的原则

（1）目的性原则。施工项目组织机构设置的根本目的是实现施工项目管理的总目标。因此，要因目标设事，因事设机构编制，按编制设岗位定人员，以职责定制度，授权力，确保实现项目的总目标。

（2）精干高效原则。施工项目组织机构的人员设置，在保证施工项目所要求的工作任务顺利完成的前提下，应尽量简化机构，做到精干高效，人员实行一专多职。

（3）管理跨度与管理层次统一的原则。管理跨度是指一个领导者有效管理下一级人员的数量。管理跨度大小与管理层次多少有直接关系。一般情况下，管理层次多，跨度减小；层次少，跨度会加大。这就要根据领导者的能力和施工项目的大小进行权衡，并使两者统一。

（4）业务系统化原则。由于施工项目是一个开放的系统，由众多子系统组成，各子系统之间，子系统内部各单位工程之间，不同组织工种、工序之间，存在着大量的结合部。这就要求项目组织也必须是一个完整的组织结构系统，以便在结合部上能形成相互制约、相互联系的有机整体，防止产生职能分工、权限划分和信息沟通上的相互矛盾或重叠。

（5）弹性和流动性原则。由于施工项目具有单件性、阶段性、流动性等特点，必然会带来施工对象数量、质量和地点的变化，及资源配置的品种和数量的变化。这就要求组织机构随之进行调整，以便适应施工任务变化的需要。

（二）施工项目管理组织机构的形式

1. 工作队式项目组织机构

（1）特点。图1-1虚线框内表示工作队式的项目组织机构。其特点如下：

1）项目经理在企业内部招聘职能人员组成管理机构，由项目经理指挥，其独立性大。

2）管理机构成员在项目施工期间与原企业部门暂时不存在直接的领导与被领导关系。

3）项目管理组织与项目同寿命。项目结束后机构撤销，所有人员仍回原单位所在部门和岗位工作。

4）专业人员可以取长补短、办事效益高，既不打乱原有建制，又保留了传统的直线职能制等优点。

（2）适用范围。适用于大型项目，工期要求紧迫的项目，及需要多工种、多部门密切配合的项目。

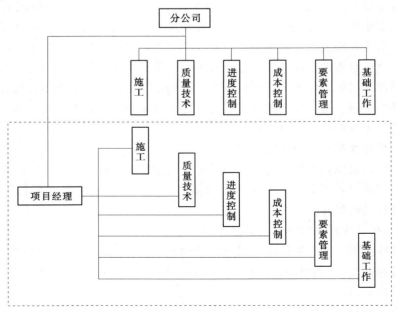

图1-1　工作队式项目组织机构图

2. 部门控制式项目组织机构

（1）特点。图1-2所示，是部门控制式项目组织机构。其特点如下：

1）不打乱企业现行的建制，把项目委托给企业某一专业部门或某一施工队，并由这个部门领导，在本部门内组合管理机构。

2）能充分发挥人才作用，人事关系容易协调，运转启动时间短，职责明确，职能专一，项目经理无需专门训练。

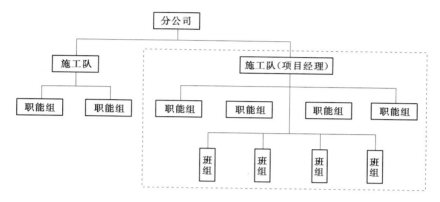

图1-2 部门控制式项目组织机构图

（2）适用范围。适用于小型的、专业性较强、不需涉及众多部门的施工项目。

3. 矩阵制项目组织机构

（1）特点。图1-3是矩阵制项目组织形式，其特点如下：

1）在矩阵制项目组织结构中，指令来自于纵向和横向工作部门，因此，指令源有两个，即每个成员接受部门负责人和项目经理的双重领导。但部门控制力大于项目的控制力。

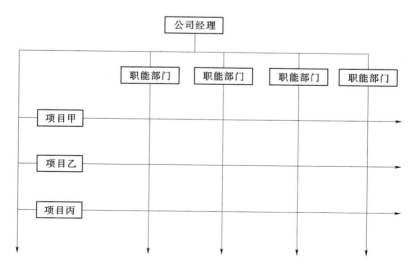

图1-3 矩阵制项目组织机构图

2）职能部门的纵向与项目组织的横向有机地结合在一起。这既发挥了职能部门的纵向优势，又发挥了项目组织的横向优势。

3）项目经理对临时组建的机构成员有权控制和使用，但可以向职能部门要求调换，辞退机构成员，但需提前向职能部门提出要求。

4）项目经理的工作有多个职能部门的支持，项目经理没有人员包袱。

5）由于各类专业人员来自不同的职能部门，工作中可以相互取长补短，专业优势得以发挥。但是造成双重领导，使意见分歧，难以统一。

（2）适用范围。这种形式适用于同时承担多个项目管理工程的企业。

（三）设置施工项目管理组织机构

设置施工项目管理组织机构，要根据工程项目的规模、复杂程度和专业特点设置。施工项目经理部的部门设置和人员配置应满足施工全过程项目管理的需要，既要尽量地减少其规模，又要保证能够高效率运转，所确定的各层次的管理跨度要科学合理。

1. 部门的设置

目前国家对项目经理部的部门设置尚无具体规定，根据一些企业的实践经验，一般设置经营核算、工程技术、物资设备、监控及测试、计量等部门。

2. 人员配备

施工项目经理部人员配备的指导思想是把项目建成企业市场竞争的核心，企业管理的重心，成本核算的中心，代表企业履行合同的主体和工程管理实体。人员配备可根据工程项目情况而定，除设置经理、副经理外，还要设置总工程师、总经济师和总会计师以及按职能部门配置的其他专业人员。技术业务管理人员的数量，根据工程项目的规模大小而定，一般情况下不少于现场施工人员的5％。为强化项目管理职能，公司和各工程部可抽调领导干部和管理骨干充实项目。有些公司按照动态管理、优化配置的原则，对项目经理部的编制进行设岗定员，人员配备分别由项目经理、副经理、总工程师、总经济师、总会计师以及技术、预算、劳资、定额、计划、质量、保卫、测试、计量和辅助生产人员组成。实行一职多岗，全部岗位职责覆盖项目施工的全过程，实行全面管理，不留死角，避免职责重叠交叉。

【例1-1】 某工程项目经理部的构成。

项目经理部决策领导层由项目经理、项目副经理和项目总工组成。项目经理部设工程科、质检科、财务科、机械科、办公室、安保科，组成现场控制的管理层。

（1）现场施工组织机构设置如图1-4所示。

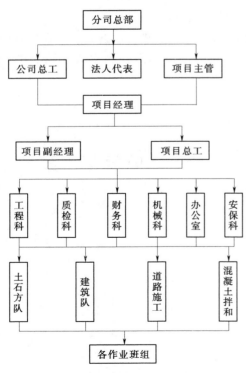

图1-4　现场施工组织机构框图

（2）组织机构的人员配备（项目经理部）：

1）项目经理 1 人。

2）项目副经理 1 人。

3）项目技术负责人 1 人。

4）工程科科长 1 人，施工员 8 人。

5）质检科科长 1 人，质检员 2 人。

6）财务科科长 1 人，出纳员 1 人，预算员 1 人。

7）机械科科长 1 人，机械师 2 人。

8）办公室主任 1 人，材料员 1 人，办事员 1 人。

9）安保科科长 1 人，安全员 1 人。

三、施工现场管理组织的职能

施工现场管理组织的职能主要体现在各部门的职能和组织机构主要人员的职责。

（一）各部门的职能

（1）经营核算部门。主要负责预算合同、索赔、资金收支、成本核算、劳动配置及劳动分配等工作。

（2）工程技术部门。主要负责生产调度、文明施工、技术管理、施工组织设计、计划统计等工作。

（3）物资设备部门。主要负责材料的询价、采购、计划、供应、管理、运输、工具管理、机械设备的租赁配套使用等工作。

（4）监控管理部门。主要负责工程质量、安全管理、消防保卫、环境保护等工作。

（5）测试计量部门。主要负责计量、测量、试验等工作。

（二）组织机构主要人员的职责

组织机构主要人员是指项目经理、项目副经理、项目总工程师、工程科长、质检科长、财务科长、办公室主任等。在项目的施工过程中做好各自的本职工作，认真履行岗位职责，搞好组织协调，加强财经管理，认真编制施工组织设计并组织实施。确保工程质量和工期，实现安全、文明生产，努力提高经济效益。

四、施工现场的准备工作

施工准备工作是为了保证工程顺利开工和施工活动正常进行而必须事先做好的各项准备工作。由于施工是一项复杂的生产活动，它不仅要消耗大量的材料，使用很多施工机械，还要组织大量的施工人员，处理各种技术问题，协调各种关系，其涉及面广，情况复杂。因此，必须实行统一领导、分工负责的原则。做好施工现场准备工作，对于发挥企业优势、合理供应资源、加快施工速度、提高工程质量、降低工程成本、增加经济效益、实现企业现代化管理等具有重要意义，必须予以高度重视。

实践证明，凡是重视和做好施工现场准备工作，能事先细致地为施工创造一切必要的条件，则该工程就能顺利完成。反之，凡是违背施工程序，不重视施工准备工作，工程仓促开工，又不做好开工以后各施工阶段的准备工作，就会给该工程带来损失，其后果不堪设想。因此，做好各项施工准备工作，是施工顺利进行的重要前提。

施工准备工作的内容一般包括：①调查研究收集资料；②技术资料的准备；③施工物

资及施工队伍的准备；④施工现场的准备；⑤季节性施工的准备。

（一）调查研究与收集资料

1. 工程地质、水文地质、地形资料

主要内容包括：①施工区地质勘探报告，施工区地质剖面图，不良地质区的专题报告及平面图；②地下水的水质分析，最高、最低水位及时间，含水层厚度、深度、渗透系数；③坝址地形图、施工场地地形图。

2. 水文和气象资料

主要内容包括：①水工建筑物布置地点的水位—流量关系曲线，多年实测各月最大流量，坝址分月不同频率最大流量，相应枯水时段不同频率的流量，历年各月各级流量过水次数分析，年降水量、最大降水量、降水强度、可能最大暴雨强度、降雨历时等；②各种气温、水温、地温的特征资料，风速、最大风速、风向玫瑰图。

3. 社会经济概况资料

（1）给水、供电等能源资料。主要用于选择施工临时供水、供电、供气，提供经济分析比较的依据。

（2）交通运输资料。主要用于组织施工运输业务、选择运输方式。

（3）机械设备与建筑材料的调查。主要用于确定材料和设备采购供应计划、加工方式、储存和堆放场地以及建造临时设施。

（4）劳动力与生活条件的调查。主要用于拟定劳动力安排计划，确定临时设施面积。

（二）技术资料的准备

技术资料的准备即通常所说的室内准备（内业准备）是施工准备工作的核心。其内容一般包括：熟悉与会审施工图纸，编制施工组织设计，编制施工图预算和施工预算。

1. 熟悉与会审施工图纸

施工图纸是工程技术人员进行施工的重要依据，要"按图施工"，就必须要在施工前熟悉施工图纸中各项设计的技术要求。在熟悉施工图纸的基础上，由建设、监理、设计、施工等单位共同对施工图纸组织会审，首先由设计单位进行图纸交底，然后各方提出问题和建议，经协商形成图纸会审纪要，由建设单位正式行文，参加会议的各单位盖章，可作为与施工图纸具有同等法律效力的技术文件使用。

施工图纸会审的重点内容包括：

（1）坝址选择、地基处理与基础设计是否与建设地点的工程地质和水文地质相一致。

（2）施工图纸是否完整、齐全，与说明书内容是否一致，以及各图纸之间是否有矛盾。

（3）地上与地下、土建与安装之间是否有矛盾。

（4）图纸设计是否符合国家有关技术规范，是否符合经济合理、技术可行的原则。

（5）各种材料、配件、构件等采购供应时，其品种、规格、性能、质量、数量等能否满足设计要求。

（6）主要承重结构的强度、刚度和稳定性是否满足要求，采用新技术、新结构、新材料、新工艺的是否有可靠的技术保证措施。

2. 编制施工组织设计

编制施工组织设计是施工准备工作的重要组成部分。虽然在获得工程之前的投标中，已编制了"标前设计"，但这里所讲的是编制实施性的施工组织设计，是"标后设计"，是为了正确处理人力、物力、财力以及它们在空间和时间上的排列关系，根据建设工程的规模、工程特点和建设单位的要求编制的。

3. 编制施工图预算和施工预算

（1）编制施工图预算。施工图预算是施工单位先按照施工图计算工程量，然后套用有关的单价及其取费标准编制的建筑工程造价的经济文件。它是施工单位签订承包合同、工程结算和进行成本核算的依据。

（2）施工预算是施工单位根据施工图预算、施工图纸、施工组织设计、施工定额等文件进行编制的，它是施工单位内部成本核算、考核用工、"两算"对比、签发施工任务单和限额领料，以及基层进行经济核算的依据。

（三）施工物资及施工队伍的准备

工程施工需要消耗大量的物资和劳动力，根据施工准备工作计划，应积极地做好施工队伍及物资的准备工作。

1. 施工物资的准备

施工物资的准备工作主要包括机械设备、机具和各种材料、构配件的准备。

（1）根据施工方案确定的施工机械、机具需要量进行准备，按计划进场安装、检修和调试。

（2）根据施工组织设计确定的材料、构配件的数量、质量、品种、规格编制好物资供应计划，按计划订货和组织进货，按照施工平面图要求在指定地点堆存或入库。

2. 施工队伍的准备

施工队伍的准备包括：建立项目经理部，集结施工班组，进行特殊工种的技术培训，招收临时工和合同工，落实专业施工队伍和外包施工队伍。施工班组要考虑专业、工种的配合，技工、普工的比例要合理。按照开工日期和劳动力的需要量计划、组织劳动力进场。

（四）施工现场的准备

施工现场的准备就是一般所说的室外准备工作，是给拟建工程的施工创造有利的施工条件和物资保证。它包括建立测量控制网、"六通一平"、临时设施的搭设等内容。

1. 做好施工场地的测量控制网

按照设计单位提供的建筑总平面图及给定的永久性坐标控制网和水准控制基桩，进行施工区施工测量，设置施工区的永久性坐标桩、水准基桩和建立施工区工程测量控制网。

2. 搞好"六通一平"工作

"六通一平"是指水通、电通、路通、电信通、煤气通、热气通和场地平整。

（1）水通。水是施工现场的生产、生活和消防用水不可缺少的。拟建工程开工之前，必须按照施工平面图的要求，接通施工用水和生活用水的管线，尽可能与永久性的给水系统结合，管线敷设尽量短。要做好施工现场的排水工作，为施工创造良好的环境。

（2）电通。电是施工现场的主要动力来源。拟建工程开工之前，要按照施工组织设计的要求，接通电力、电信设施，确保施工现场动力设备和通信设备的正常运行。

（3）路通。道路是组织物资运输的动脉。拟建工程开工之前，按照施工平面图的要求，修好施工现场永久性道路和临时性道路，形成完整的运输网络，为材料设备进场创造有利条件。

（4）场地平整。按照设计总平面图的要求，首先拆除场地上妨碍施工的建筑物或构筑物，然后根据施工总平面图的规定进行场地平整。

如果施工中需要通热气、煤气等，应按施工组织设计的要求事先完成。

3. 搭设临时设施

按照施工总平面图的布置，建造临时建筑物和设施，为正式开工准备好生产、办公、生活、居住和储存等临时用房。

（五）冬雨季施工准备工作

由于建筑工程产品的固定性和庞大性，决定了工程施工露天作业的特性。因此，冬雨季对施工有较大影响。为保证施工顺利进行，必须做好冬雨季施工准备工作。

1. 冬季施工作业准备

（1）合理安排冬期施工项目。由于冬期施工条件差，技术要求高，致使施工费用增加，因此，应尽量安排费用增加不多的项目在冬季施工，如吊装、打桩等；不安排费用增加较多又不易保证施工质量的项目在冬季施工，如土方、基础等。

（2）冬季施工昼夜温差较大，为保证施工质量，应做好测温工作，防止砂浆、混凝土在达到临界强度以前遭受冻结而破坏。

（3）重视冬季施工对临时设施布置的特殊要求。施工临时给排水管网应采取防冻措施，尽量埋设在冰冻线以下，外露的管网应用保暖材料包扎，避免受冻，注意道路的清理，防止积雪的阻塞，保证运输畅通。

（4）做好材料的必要库存。为了节约冬季费用，在冬季到来之前，应做好材料的必要库存，储备足够数量的材料。及早准备好保温材料及锅炉、劳保防寒用品等。

（5）加强冬季防火保安措施，及时检查消防器材和装备的性能，严防火灾、避免事故发生。

2. 雨季施工准备

做好雨季施工准备，对提高施工的连续性、均衡性，增加全年施工天数具有重要作用。

（1）做好雨季施工项目的综合安排。为了避免雨季出现窝工浪费，应将一些受雨季影响大的施工项目（如土方、闸基等），尽量安排在雨季到来之前施工，留出受雨季影响小的项目在雨季施工。

（2）做好防汛、防洪、排涝和现场排水工作。做好枯水期围堰导流工程和防汛、防洪、排涝的有关措施；在施工现场，应修建各种排水沟渠，准备好抽水设备，防止现场积水。

（3）做好运输道路的维护。为保证运输道路的畅通，应做好运输道路的维护，检查道路边坡的排水，适当提高路面，防止路面凹陷。

（4）做好施工物资的保管。加强施工物资的保管，对施工现场的各种机具、电器应加强检查，尤其是脚手架、起重机等地方，要采取措施，防止倒塌、雷击、漏电等现象的发生，注意做好施工物资的防水，控制工程质量。

第二节 施工组织设计

一、施工组织设计的分类

建筑工程施工组织设计是规划和指导工程投标、签订承包合同、施工准备和施工全过程的技术经济文件。

施工组织设计的种类可以根据编制的对象和编制的时间不同来划分。

（一）按施工组织设计编制的对象划分

若按施工组织设计编制的对象划分，施工组织设计可分为三类，即施工组织总设计、单位工程施工组织设计、分部（分项）工程施工组织设计。

1. 施工组织总设计

施工组织总设计是以整个枢纽工程为编制对象，用以指导整个工程项目施工全过程的各项施工活动的综合性技术经济文件。它根据国家政策和上级主管部门的指示，分析研究枢纽工程建筑物的特点、施工特性及其施工条件，制定出符合工程实际的施工总体布置、施工总进度计划、施工组织和劳动力、材料、机械设备等供应计划，用以指导施工。

2. 单位工程施工组织设计

单位工程施工组织设计是以单位工程为对象，由施工承包单位的工程项目经理部编制的，用以指导单位工程施工全过程各项目施工活动的技术、组织、经济文件。其主要内容包括工程概况及施工特点分析、施工方案的选择、施工进度计划、资源计划、施工平面图设计以及各项组织措施等。其中，施工方案的选择是核心，施工进度计划是关键，施工平面图是指导文明施工的重要依据。

3. 分部（分项）工程施工组织设计

分部（分项）工程施工组织设计主要是以分部（分项）工程为对象，编制较详细、具体，具有较强的实施性。

（二）按施工组织设计的编制时间划分

若按施工组织设计的编制时间划分，施工组织设计可以划分为两类：一类是投标前编制的施工组织设计，简称"标前设计"；另一类是中标后、施工前编制的施工组织设计，简称"标后设计"。

1. 标前设计

投标前的施工组织设计是为满足编制投标书和签订合同的需要编制的，它必须对投标书所要求的内容进行筹划和决策，并附入投标文件中。它除了指导工程投标与签订承包合同及作为投标书的内容以外，还是总包单位进行分包招标和分包单位编制投标书的重要依据，同时也是建设单位与承包单位进行合同谈判，提出要约和进行承诺的依据，是拟定合同文本中相关条款的基础资料。

2. 标后设计

中标后编制的施工组织设计是为了指导施工前一次性准备和各阶段施工准备工作，指导施工全过程生产活动，提出工程施工中进度控制、质量控制、成本控制、安全控制、现场管理、各项生产要素管理的目标及技术组织措施，以达到提高综合效益的目的。

由于两类施工组织设计编制的时间不同，所以两类施工组织设计有各自的特点，具体详见表 1-1。

表 1-1   两类施工组织设计的特点

种类	服务范围	编制时间	编制者	主要特征	追求主要目标
标前设计	投标签约	投标书编制前	经营管理层	规划性	中标、经济效益
标后设计	施工准备至验收	签约后，开工前	项目管理层	实施性	施工效益和效率

二、施工组织设计的作用

施工组织设计在一项建设工程中起着重要的规划作用与组织作用，具体表现在：

（1）施工组织设计为建设项目的施工作出了全局性的战略部署。

（2）施工组织设计是施工准备工作的一项内容，是保证资源供应的依据，它是整个施工准备工作的核心。

（3）为建设单位编制基本建设计划，拟定初步设计概算提供依据。

（4）施工组织设计为拟建工程拟定的合理的施工方案和工程进度计划等，是指导现场施工活动的基本依据。

（5）施工组织设计对施工场地所作的规划与布置，为现场的文明安全施工创造了条件。

（6）通过编制施工组织设计，充分考虑了施工中可能遇到的困难与障碍，并事先设法予以解决或排除，从而提高了施工的预见性，减少了盲目性。

三、施工组织设计内容

施工组织总设计、单位工程施工组织设计和分部（分项）工程施工组织设计，是整个工程项目不同广度、深度和作用的三个层次，其所包含的内容不尽相同，下面介绍其综合内容。

（1）工程概况。指建设项目和建设地点特征、施工条件。

（2）施工部署。包括项目经理部的组织结构和人员配备，质量、进度、成本、安全和文明施工控制目标的决策，总包和分包的分工范围和交叉施工部署，拟投入的施工力量总规模和物资供应方式。

（3）施工方案。包括施工程序、施工方法和施工机械的选择，新工艺、新技术、新机具、新材料、新管理方法的使用及科学实验安排等。

（4）施工技术组织措施。包括保证质量的技术组织措施、保证安全防护组织措施、控制施工进度和保证工期的措施、环境污染的防护措施、文明施工措施、降低费用措施。其中组织措施是关键，因为它可挖掘的潜力大，效果显著。

（5）施工进度计划。包括确定施工顺序，划分施工项目，计算工程量、劳动量和机械台班量，确定各施工过程的持续时间并绘制施工进度计划图表。

（6）各项资源需要量计划。主要包括劳动力需用量计划，主要材料和预制加工品需用量、需用时间和运输计划，主要机具需用量计划。

（7）施工平面图。其主要内容包括：布置施工用的道路，施工机械、材料仓库及堆场、加工厂、临时房屋、临时水电管线等。布置应以合理用地、节约费用、文明施工为宗旨，是指导现场施工、文明生产的极为重要的依据。

（8）施工准备计划。施工准备工作计划的主要内容包括：现场测量，土地征用，居民拆迁，障碍物拆除，拟采用的新结构和新技术的试验工作和组织工作，编制施工组织设计，研究有关技术组织措施，有关大型临时设施，施工用水用电和铁路、道路、码头及场地平整工作的安排等。

（9）技术经济指标。包括工期、劳动量、劳动生产率、工程质量、降低成本、施工安全、机械化水平、装配化程度、临时工程等多方面。

四、施工组织设计的编制

由于建筑工程是一个性质复杂的群体，工程施工组织设计是一个总的名称。它根据编制对象的不同而不同，下面主要介绍施工组织总设计编制的程序、方法和步骤。

（一）施工组织总设计编制程序

施工组织总设计编制程序如图 1-5 所示。

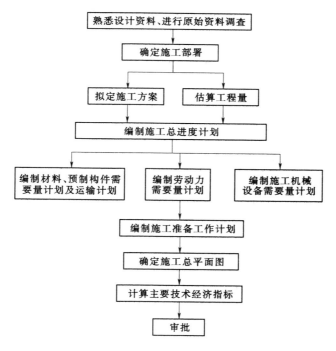

图 1-5　施工组织总设计编制程序图

（二）施工部署和施工方案

施工部署和施工方案是对整个建设项目全局做出的统筹规划和全面安排，主要解决影响建设项目全局的组织问题和技术问题，是施工组织设计的核心内容之一。根据建设项目的性质、规模等情况进行分析，按合同工期的要求，作出合理的部署，制订切实可行的施工方案。

1. 确定工程施工程序

在保证工期要求的前提下，尽量实行分期分批施工。

确定建设项目中各项工程施工的合理程序是关系到整个建设项目能否顺利完成投入使用的重要问题。对于大中型建设项目，一般要根据建设项目总工期的要求，实行分期分批建设，既可使各具体项目迅速建成，尽早投入使用，又可在全局上实现施工的连续性和均衡性，减少暂设工程数量，降低工程成本。至于分几期施工，各期工程包含哪些项目，则要根据生产工艺的要求、建设部门的要求、工程规模的大小和施工的难易程度、资金、技术等情况，由建设单位、监理单位和施工单位共同研究确定。

安排施工顺序应做到以下几点：

（1）遵守"先地下，后地上"、"先土建，后设备"、"先主体，后围护"的原则。

"先地下，后地上"是指在地上工程开始之前，尽量完成地下基础工程、土方工程及设施的工程。这样可以避免给地上部分施工带来干扰和不便。

"先土建，后设备"是指先对土建部分进行施工，再进行机电金属结构设备等安装的施工。

"先主体，后围护"是指先进行主体框架施工，然后进行围护工程施工。

（2）满足施工工艺的要求，不能违背各施工顺序间存在的工艺顺序关系。例如：堤（坝）护坡工程的施工顺序为：堤（坝）坡面平整、碾压—垫层铺设—护坡块的砌筑。

（3）考虑施工组织的要求。有的施工顺序，可能有多种方式，此时必须按照对施工组织有利和方便的原则确定，例如：水闸的施工，闸室基础较深，而相邻结构基础浅，则应根据施工组织的要求，先施工闸室深基础，再施工相邻的浅基础。

（4）考虑施工质量的要求。例如：现浇混凝土的拆模必须等到混凝土强度达到一定要求后，方可拆模。

（5）当地气候的条件。气候的不同会影响到施工过程的先后顺序，例如：在华东和南方地区，应首先考虑到雨季施工的特点，而在华北、西北、东北地区，则应多考虑冬期施工的特点。大规模的土方工程和深基础工程施工，最好不要安排在雨季；寒冷地区的工程施工，最好在入冬时转入室内作业和设备安装。

（6）安全技术要求。合理的施工过程的先后顺序，必须使各施工过程不引起安全事故。例如：不能在同一个施工段上一面进行楼板施工，一面又在进行其他作业。

（7）统筹安排施工项目的施工顺序。应按照各工程项目的重要性，做到"四优先"。

1）先期投入生产或起主导作用的工程项目优先。

2）工程量大、施工难度大、施工工期长的工程项目优先。

3）生产需先期使用的工程项目优先。

4）供施工使用的工程项目优先。

2. 施工方法和施工机械的选择

施工方法和施工机械的确定和选择是施工方案中最关键的问题，在现代化施工条件下，施工方法与施工机械关系极为密切，一旦确定了施工方法，施工机械也就随之而定。

对施工方法的确定，要考虑技术工艺的先进性和经济上的合理性，着重确定工程量大、施工技术复杂、工期长、特殊结构工程或由专业施工单位施工的特殊专业工程的施工方法。如：基础工程中的各种深基础施工工艺，结构工程中现浇的施工工艺。

施工机械选择要合理，因为其直接影响到施工进度、施工质量、工程造价及生产安全。施工机械的选择则应根据工程特点选择适宜的主导施工机械，使其性能既能满足工程的需要，又能发挥其效能，在各个工程上能够实现综合流水作业，减少其拆、装、运的次数，对于辅助配套机械，其性能应与主导施工机械相适应，以充分发挥主导施工机械的工作效率。各机械的类型、规格、型号应统一，以便于管理及维护，尽可能使所选的机械一机多用，提高机械设备的生产效率。

3. 评价施工方案

施工方案的评价工作是对施工方案进行技术经济评价的重要一环，评价的目的在于对单位工程各可行的施工方案进行比较，选择出工期短、质量好、成本低的最佳方案。

评价施工方案的方法主要有两种：

（1）定量分析评价。定量是通过计算各方案的一些主要技术经济指标，进行综合比较分析，从中选出综合指标较佳方案的一种方法。主要技术经济指标包括工期指标、劳动量指标、主要材料消耗指标和成本指标。

（2）定性分析评价。指结合施工经验，对多个施工方案的优缺点进行分析比较，最后选定较优方案的评价方法。

施工组织设计的编制工作一般比较复杂，而作用又十分突出，因此要求在编制施工组织设计时，既要敢于创新，又不能盲目冒进，只有编制出切合实际的施工组织设计，才能保证工程建设的顺利进行。

（三）施工总进度计划

施工总进度计划是施工现场各项施工活动在时间和空间上的体现。编制施工总进度计划是根据施工部署中的施工方案和工程项目开展的程序，对整个工地的所有工程项目做出时间和空间上的安排。其作用在于确定各单项工程及其主要工种、工程、准备工作和全工地性的施工期限及开、竣工的日期，从而确定建筑施工现场劳动力、材料、成品、半成品、施工机械的需要数量和调配情况，以及现场临时设施的数量、水电供应数量和能源、交通的需要数量等。因此，正确地编制施工总进度计划是保证各项目以及整个建设工程按期交付使用，充分发挥投资效益，降低建设工程成本的重要条件。

1. 施工总进度计划的编制内容

施工总进度计划的编制内容一般包括：划分工程项目，计算各主要项目的实物工程量，确定各单位工程的施工期限，确定各单位工程开竣工时间和相互搭接关系，以及施工总进度计划表的编制。

2. 施工总进度计划的编制方法

（1）划分并列出工程项目。总进度计划的项目划分不宜过细。列项时，应根据施工部署中分期、分批开工的顺序和工艺逻辑关系依次进行，防止漏项，突出每一个系统的主要工程项目，分别列入工程名称栏内，对于一些次要的零星项目，则可合并到其他项目中去，在计算劳动量时，给予适当的考虑即可。

（2）计算工程量。工程量的计算一般应根据设计图纸、工程量规则及有关定额手册或资料进行。由于不同阶段设计资料的详细程度不尽相同，工程量的计算精度也不一样。设计图纸完成后，要考虑工程性质、分期情况、施工顺序等因素，分别按土方、石方、混凝土、水上、水下、开挖、回填等不同情况，分别计算工程量。工程量的计算单位一定要与使用的定额单位相一致。计算工程量常采用列表的方式进行。

（3）计算各项目的施工持续时间。在工作项目的实物工程量一定的情况下，工作持续时间与安排在工程上的设备水平、人员技术水平、人员与设备数量、效率等有关。各项目持续时间的确定方法主要有三种。

1）根据工作项目需要的劳动量或机械台班量、工人人数或机械台班数确定工作项目的持续时间。

$$T = \frac{P}{Rb} = \frac{Q}{RSb}$$

或

$$T = \frac{P}{Rb} = \frac{QH}{Rb} \quad (S = \frac{1}{H})$$

式中　T——工作项目的持续时间；

P——工作项目所需要的劳动量，工日或机械台班量；

R——该工作项目所配人数或机械台班数；

Q——工作项目的工程量；

b——工作班制；

S——工作项目的产量定额；

H——工作项目的时间定额。

2）套用工期定额。对于总进度计划中各"工序"的持续时间，通常采用国家制定的各类工程工期定额，并根据具体情况进行适当调整或修改。

3）经验估算法。有些工作项目没有确定的实物工程量，或不能用实物工程量来计算，也没有颁布的工期定额可套用，例如：试验性工作或采用新工艺、新技术、新结构、新材料的工程，此时可采用经验估算法计算该项目的施工持续时间，经验估算法是根据以往的施工经验进行估算。一般为了提高其准确程度，往往先估算出该项目的最长、最短和正常（即最可能）三种时间值，然后据此求出期望时间值作为该工作项目的持续时间。一般按下面公式进行计算

$$T = \frac{a + 4c + b}{6}$$

式中　T——某工作项目在某施工段上的持续时间；

a——某工作项目在某施工段上的最短估算时间；

b——某工作项目在某施工段上的最长估算时间；

c——某工作项目在某施工段上的正常估算时间。

（4）确定各单位工程的开工、竣工时间和相互之间的搭接关系。根据施工部署和单位工程施工期限，就可以安排各单位工程的开竣工时间和相互之间的搭接关系。通常应考虑下列因素：

1）保证重点、兼顾一般。在安排进度时，要分清主次，抓住重点，同时期进行的项目不宜过多，以免分散有限的人力和物力。

2）要满足连续、均衡的施工要求。应尽量使劳动力和材料、施工机械消耗在全工地

上达到均衡，避免出现高峰或低谷，以利于劳动力的调配和材料供应。

3）要满足工作项目之间的逻辑关系。工作项目的逻辑关系是指工艺关系和组织关系，根据工作项目的工艺关系和组织关系合理安排各项工程的施工顺序，以缩短建设周期，尽快发挥投资效益。

4）全面考虑各种条件的限制。在确定各工作项目施工顺序时，应考虑各种客观条件的限制，如施工企业的施工力量，各种原材料、机械设备的供应情况，设计单位提供图纸的时间，各年度建设投资数量等，对各项工程的开工时间和先后顺序予以调整。同时，由于工程施工受季节、环境影响较大，经常会对某些项目的施工时间提出具体要求，从而对施工的时间和顺序安排产生影响。

（5）安排施工总进度计划。施工总进度计划可以用横道图和网络图表达。由于施工总进度计划只是起控制性作用，而且施工条件复杂，因此项目划分不必过细。当用横道图表达施工总进度计划时，项目的排列可按施工总体方案所确定的工程展开程序排列。横道图上应表达出各施工项目开竣工时间及其施工持续时间。近年来，网络图表达施工总进度计划已经在工程中得到广泛应用。网络图可以应用计算机计算和输出，便于对进度计划进行调整、优化、统计资源数量等。

（6）施工总进度计划的调整和修正。施工总进度计划表绘制完成后，将同一时期各项工程的工作量加在一起，用一定的比例画在施工总进度计划的底部，即可得出建设项目工作量的动态曲线。若曲线上存在较大的高峰和低谷，则表明在该时间内各种资源的需求量变化较大，需要调整一些单位工程的施工速度或开竣工时间，以便消除高峰和低谷，使各个时期的工作量尽可能达到均衡。

（7）编制正式施工总进度计划。经过调整优化后的施工进度计划，可以作为设计成果整理以后提交审核。

（四）施工总平面图设计

施工总平面图设计是施工组织设计的重要组成部分，是拟建项目施工场地的总布置图。它是根据工程特点和施工条件，对施工场地上拟建的永久建筑物、施工辅助设施和临时设施等进行平面和高程上的布置。施工现场的平面布置应在全面了解掌握枢纽布置、主体建筑物的特点及其他自身条件等基础上，合理地组织和利用施工现场，妥善处理施工场地，内外交通，使各项施工设施和临时设施能最有效地为工程服务。保证施工质量，加快施工进度，提高经济效益。

1. 施工总平面图设计的原则

（1）在满足施工的前提下，尽量减少施工用地，少占农田，使平面图布置紧凑合理。

（2）充分利用原有建筑为施工服务，降低临时设施的费用。

（3）合理布置各种仓库、机械、加工厂位置，减少场内运输距离，尽可能避免二次搬运，降低运输费用。

（4）各种临时设施的布置应方便生产。

（5）应满足劳动保护、安全、防火和环境保护的要求。

2. 施工总平面图设计的主要内容

（1）一切地上和地下已有的和拟建的建筑物、构筑物以及其他设施的位置和尺寸。

（2）一切为全工地施工服务的临时设施的布置。其中，主要设施包括：导流建筑物、仓库料场及加工系统，施工辅助企业、水、电、动力供应系统，行政管理和生活用房以及安全防火设施等。

3. 施工总平面图的设计步骤和方法

施工总平面图设计步骤为：布置施工交通运输→布置仓库与材料堆场→布置加工厂和混凝土搅拌站→布置临时房屋→布置临时用水、电管网和其他动力设施→绘制正式施工总平面图。

（1）施工交通运输道路。设计全工地性施工总平面图时，首先应从考虑大宗材料、成品、半成品、设备等进入工地的运输方式入手。当大宗材料由铁路运来时，要解决铁路的引入问题，当大批材料是由水路运来时，应考虑原有码头的运用和是否增设专用码头问题；当大批材料是由公路运入工地时，由于汽车线路可以灵活布置，因此，一般先布置场内仓库和加工厂，然后再布置场内外交通运输。

（2）仓库与材料堆场的布置。通常考虑设置在运输方便、位置适中、运距较短并且安全防火的地方，并应根据不同材料、设备和运输方式来设置。

1）当采用铁路运输时，仓库应沿铁路线布置，并且要有足够的装卸前线。如果没有足够的装卸前线，必须在附近设置转运仓库。布置铁路沿线仓库时，应将仓库设置在靠近工地一侧，避免运输跨越铁路，同时仓库不宜设置在弯道或坡道上。

2）当采用水路运输时，一般应在码头附近设置转运仓库，以缩短船只在码头上的停留时间。

3）当采用公路运输时，仓库的布置较灵活。一般中心仓库布置在工地中央或靠近使用的地方，也可以布置在靠近与外部交通连接处。水泥、砂、石、木材等仓库或堆场宜布置在搅拌站、预制场和加工厂附近，砖、预制构件等应该直接布置在施工对象附近，避免二次搬运。一般笨重设备应尽量放在车间附近，其他设备仓库可布置在外围空地上。

（3）加工厂和搅拌站的布置。各种加工厂布置，应以方便使用、安全防火、运输费用少、不影响施工的正常进行为原则。一般应将加工厂与相应的仓库或材料堆场布置在同一地区，且多处于工地边缘。各种加工厂应与相应仓库或材料堆场布置在同一地区。

污染较大的加工厂，如砂石加工厂、沥青加工厂和钢筋加工厂，应尽量远离生产区和办公区，并注意风向。

对于混凝土供应有条件的地区，尽可能采用商品混凝土供应方式；若不具备商品混凝土供应的地区，且现浇混凝土量大时，宜在工地设置搅拌站；当运输条件好时，以采用集中搅拌为好，当运输条件较差时，宜采用分散搅拌。

砂浆搅拌站宜采用分散就近布置。

（4）场内道路的布置。根据各加工厂、仓库及各施工对象的相对位置，考虑货物运转，区分主要道路和次要道路，进行道路的规划。

1）在规划临时道路时，应充分利用拟建的永久性道路，提前修建永久性道路或者先修路基和简易路面作为施工所需的道路，以达到节约投资的目的。

2）保证运输畅通。应采用环形布置，主要道路宜采用双车道，宽度不小于 6m，次要道路宜采用单车道，宽度不小于 3.5m。

3）选择合理的路面结构。根据运输情况和运输工具的不同类型而定，一般场外与省、市公路相连的干线，宜建成混凝土路面，场区内的干线，宜采用碎石级配路面，场内支线一般为土路或砂石路。

（5）临时设施布置。根据工地施工人数，可计算临时设施的建筑面积。应尽量利用原有建筑物，不足部分另行建造。

一般全工地性行政管理用房宜设在工地入口处，以便对外联系，也可设在工地中间，便于工地管理。工人用的福利设施应设置在工人较集中的地方，或工人必经之处。生活区应设在场外，距工地 500～1000m 为宜。食堂可布置在工地内部或工地与生活区之间。临时设施的设计，应以经济、适用、拆装方便为原则，并根据当地的气候条件、工期长短确定其结构形式。

（6）临时水电管网及其他动力设施的布置。当有可以利用的水源、电源时，可以将水电直接接入工地。临时的总变电站应设置在高压电引入处，不应放在工地中心。

当无法利用现有水电时，为获得电源，可在工地中心或附近设置临时发电设备；为获得水源，可利用地下水或地表水设置临时供水设备，施工现场供水管网有环状、枝状和混合式三种形式。过冬的临时水管必须埋在冰冻线以下或采取保温措施。

根据工程防火要求，应设置消防栓。一般设置在易燃物附近，并须有通畅的出口和消防车道，其宽度不宜小于 6m，消防栓间距不应大于 100m，到路边的距离不应大于 2m，与拟建房屋的距离不得大于 25m，也不得小于 5m。

工地电力网，一般 3～10kV 的高压线采用环状，380/220V 低压采用枝状布置。通常采用架空布置方式，距路面或建筑物不小于 6m。

上述各设计步骤不是截然分开的，各自孤立进行的，而且互相联系，互相制约的，需要综合考虑、反复修正才能确定下来。

第三节　建筑工程项目经理责任制

一、建筑工程项目经理

建筑工程施工企业项目经理是一个施工项目施工方的总组织者、总协调者和总指挥者，在工程施工全过程中起重要作用。项目经理是一个管理岗位，是企业任命的项目管理班子的负责人。项目经理不仅要考虑项目的利益，还应服从企业的整体利益。

项目经理的任务包括项目的行政管理和项目管理两个方面，其在项目管理方面的主要任务是：①施工安全管理；②施工成本管理；③施工进度管理；④施工质量管理；⑤工程合同管理；⑥工程信息管理；⑦工程组织与协调等。

（1）项目经理对施工承担全面管理的责任。工程项目施工应建立以项目经理为首的生产经营管理系统，实行项目经理负责制；项目经理在工程项目施工中处于中心地位，对工程项目施工负有全面管理的责任。

（2）项目经理应承担施工安全和质量的责任。对发生重大工程质量安全事故或市场违法违规行为的项目经理，必须依法予以严肃处理。

（3）项目经理由于主观原因或由于工作失误有可能承担法律责任和经济责任。政府主管部门将追究的主要是其法律责任，企业将追究的主要是其经济责任，但是，如果由于项目经理的违法行为而导致企业的损失，企业也有可能追究其法律责任。

由于项目经理在工程项目施工中处于中心地位，他对整个项目经理部以及对整个项目起着举足轻重的作用，所以对项目经理的知识结构，工作能力和个人素质也提出了较高的要求。要求项目经理应具有创新、开拓、敬业精神，具有协调、组织、管理能力。

二、建筑工程项目经理部

1. 项目经理部的地位

项目经理部是由项目经理在企业的支持下组建的、进行项目管理的组织机构，是企业在项目上的管理层，是项目经理的办事机构，凝聚管理人员，形成项目管理责任制和信息沟通系统，使项目经理部成为项目管理的载体，为实现项目目标而进行有效运转。

2. 项目经理部设立的原则

（1）根据工程项目的规模、复杂程度和专业特点设置项目经理部。所以一些企业根据经验将项目经理部分为三级：一级项目经理部可设职能部、处；二级项目经理部可设处、科；三级项目经理部设职能人员。

（2）项目经理部是一个具有弹性的一次性施工组织，随工程任务的变化而进行调整，不应搞成固定性组织。项目管理任务完成后，项目经理部应解体。

（3）项目经理部的人员配置应面向施工现场，应满足目标控制的需要。

（4）项目经理部组建以后，应建立有益于组织运转的规章制度。

3. 设置项目经理部的步骤

（1）确定项目经理部的管理任务和组织形式。

（2）确定项目经理部的层次、职能部门和工作岗位。

（3）确定人员、职责、权限。

（4）对项目管理目标责任书确定的目标进行分解。

（5）制定规章制度和目标责任考核与奖惩制度。

4. 项目经理部的运行

（1）项目经理部应按规章制度的规定运行，以实现项目管理目标。

（2）项目经理部应按责任制度运行，控制管理人员的管理行为，以实现项目管理目标。

（3）项目经理部应按合同运行，通过加强组织、协调以控制作业队伍和分包人的行为。

5. 项目经理部的解体

由于项目经理部是一次性组织，故应在其管理任务完成、具备解体条件后解体，项目经理部解体应符合下列条件：①已竣工验收；②已结算完毕；③已签发质量保修书；④已完成项目管理目标责任书；⑤已与企业管理层办完有关手续；⑥现场最后清理完毕。

做好解体前的各项工作是项目经理部的重要任务。

三、项目经理责任制

项目经理责任制是以项目经理为责任主体的施工项目管理目标责任制度。它是施工项目管理的基本制度之一，是成功进行施工项目管理的前提和基本保证。

1. 项目经理责任制的作用

（1）项目经理责任制确定了项目经理在企业中的地位。项目经理是企业法定代表人在承包的工程项目上的委托代理人。

（2）项目经理责任制确定了企业的层次及其相互关系。企业的层次分为企业管理层、项目管理层和劳务作业层。企业管理层应制定和健全施工项目管理制度，规范项目管理，加强计划管理，保证资源的合理分布和有序流动，为项目生产要素的优化配置和动态管理服务，对项目管理层的工作进行全过程的指导、监督和检查。项目管理层应做好资源的优化配置和动态管理，执行和服从企业管理层对项目管理工作的监督、检查和宏观调控。企业的管理层与劳务作业层应签订劳务分包合同；项目管理层和劳务作业层应建立共同履行劳务分包合同的关系。

（3）项目经理责任制确定了项目经理在项目管理中的地位。项目经理应根据企业法定代表人的授权范围、时间和内容对施工项目自开工准备至竣工验收实施全过程、全面管理。因此，项目经理是项目管理的核心人物，是项目管理目标的承担者和实现者，对项目的实施进行控制，既要对项目的成果性目标向建设单位负责，又要对承担的效益性目标向企业负责。

（4）项目经理责任制确定了项目经理的基本责任、权限和利益。

2. 项目经理责任制的内容

（1）企业各层之间的关系。

（2）项目经理的地位和素质要求。

（3）项目经理目标责任书的制定和实施。

（4）项目经理的责、权、利。

（5）项目管理的目标责任体系有项目经理目标责任制、经理部内各职能部门的目标责任制、项目经理部各成员的目标责任制。

（6）建立以施工项目为对象的三种类型目标责任制：项目的目标责任制、子项目的目标责任制、班组的目标责任制。

3. 施工项目经理进行项目管理的基本要求

（1）根据企业法定代表人的授权范围、时间和内容。

（2）项目经理负责管理的过程是开工准备到竣工验收阶段。

（3）项目经理的管理活动应是全过程的，也是全面的，所谓"全面"，指管理的内容是全局性的，包含各个方面。

4. 项目管理目标责任书

项目管理目标责任书是企业法定代表人根据施工合同和经营管理目标要求明确规定项目经理部应达到的成本、质量、进度和安全等控制目标的文件，其特点是：①项目管理目标责任书是企业法定代表人确定的；②项目管理目标责任书的确定从企业的全局利益出发；③项目管理目标责任书的主要内容是项目经理部应达到的目标。包括进度、质量、安全和成本。组织实现各项目标就是项目经理的责任。

项目管理目标责任书的内容包括：①企业各业务部门与项目经理部之间的关系；②项

目经理部所需作业队伍、材料、机械设备等的供应方式；③应达到的项目进度、质量、安全和成本目标；④在企业制度规定以外的，由法定代表人向项目经理委托的事项；⑤企业对项目经理部人员进行奖惩的依据、标准、办法及应承担的风险；⑥项目经理解职和项目经理部解体的条件及方法。

5. 项目经理的职责

施工项目经理在承担工程项目施工管理过程中，应履行下列职责：

（1）贯彻执行国家和工程所在地政府的有关法律、法规和政策，执行企业的各项管理制度。

（2）严格财务制度，加强财经管理，正确处理企业与个人的利益关系。

（3）组织制定项目经理部各类管理人员的职责和权限、各项管理规章制度，并认真贯彻执行。

（4）组织编制施工管理规划及目标实施措施，编制施工组织设计并组织实施。

（5）执行项目承包合同中由项目经理负责履行的各项条款。

（6）科学地组织施工和加强各项管理。并搞好组织协调工作，解决项目管理中出现的问题。

（7）对工程项目施工进行有效控制，执行有关技术规范和标准，积极推广应用新技术、新工艺、新材料、新结构。确保工程质量和工期，实现安全、文明生产，努力提高经济效益。

6. 项目经理的权力

项目经理在承担工程项目施工的管理过程中，应当按照建筑施工企业与建设单位签订的工程承包合同，与本企业法定代表人签订项目承包合同，并在企业法定代表人授权范围内行使以下权力：①参与投标和签订施工合同权；②授权组建项目经理部和用人权；③资金投入、使用和计酬决策权；④授权使用施工作业队伍权；⑤主持工作和组织制定管理制度权；⑥组织协调权；⑦授权采购权。

7. 项目经理的利益

（1）项目经理可获得基本工资、岗位工资和绩效工资。

（2）项目经理可获得物质奖励和精神奖。

（3）未完成"项目管理目标责任书"确定的责任目标，并造成亏损的，应接受处罚。

思　考　题

1-1　施工现场管理的主要内容有哪些？

1-2　施工现场管理组织机构的职能是什么？

1-3　简述施工现场准备工作的内容。

1-4　施工技术准备工作包括哪些内容？

1-5　什么是"六通一平"？

1-6　雨季施工准备工作应如何进行？

1-7　冬季施工准备工作应如何进行？

1-8　施工组织设计按编制时间如何分类？其特点和作用有哪些不同？

1-9　施工组织设计按工程对象可以分为哪几类？

1-10　简述施工组织设计的作用。

1-11　简述施工组织设计的内容。

1-12　简述项目经理责任制的内容。

第二章　施工进度计划原理与管理

第一节　流　水　施　工　原　理

一、流水施工的基本概念

流水施工是指所有的施工过程按一定的时间间隔依次投入施工，各个施工过程陆续开工，陆续竣工，使同一施工过程的施工班组保持连续、均衡，不同施工过程尽可能平行搭接施工的组织方式。

建筑工程的流水施工与一般工业生产流水线作业十分相似。不同的是在工业生产的流水作业中，专业生产者是固定的，而各产品或中间产品在流水线上流动，由前个工序流向后一个工序；而在建筑施工中的产品或中间产品是固定不动的，而专业施工队则是流动的，它们由前一施工段流向后一施工段。

二、流水施工的特点

流水施工方法的优点是保证了各个工作队的工作和物资的消耗具有连续性和均衡性，流水施工是搭接施工的一种特定形式，它最主要的组织特点是每个施工过程的作业均能连续施工，前后施工过程的最后一个施工段都能紧密衔接，使得整个工程的资源供应呈现一定规律的均匀性。其主要特点：①消除时间间歇；②实行生产专业化；③保证机械、劳力充分利用；④提高工效、降低成本。

三、流水施工的主要参数

（一）工艺参数

1. 施工过程数 n

把一个综合的施工过程划分为若干具有独立工艺特点的个别施工过程，其数量 n 为施工过程数，即工序数 n。施工过程可以是一道工序，如绑扎钢筋，也可以是一个分项或分部工程，施工组织应根据构造物的特点和施工方法来划分，一般不宜少，也不宜多。

2. 流水强度 V

每一施工过程在单位时间内完成的工程量，称流水强度。

（1）机械施工过程的流水强度计算

$$V = \sum R_i S_i$$

式中　　R_i——某种施工机械的台数；

S_i——该种施工机械台班生产率。

【例 2-1】　某铲运机铲运土方工程，推土机 1 台，$S = 1562.5 \text{m}^3/$台班，铲运机 3 台，$S = 223.2 \text{m}^3/$台班，求流水强度 V。

解：$V=1\times1562.5+3\times223.2=2232.1(\mathrm{m^3/台班})$

（2）手工操作过程的流水强度计算

$$V=RS$$

式中 R——每一个工作队工人人数（R 应小于工作面上允许容纳的最多人数）；

S——每一个工人每班产量定额。

【例 2-2】 人工开挖土方工程 $S=22.2\mathrm{m^3/}$ 工日，$R=5$ 人，求流水强度 V。

解：$V=5\times22.2=111(\mathrm{m^3})$

（二）时间参数

1. 流水节拍 t_i

某个施工工程，在某个施工段上的持续时间

$$t_i=q_i/Cr$$

式中 q_i——工程量；

C——日产量；

r——人、机械数量。

【例 2-3】 人工挖运土方工程：$q_i=24500\mathrm{m^3}$，$C=24.5\mathrm{m^3/}$ 工日，$r=20$ 人，求 t_i。若 $r=50$ 人时，则 t_i 为多少？

解：当 $r=20$ 人时，$t_i=24500/(24.5\times20)=50$（天）

当 $r=50$ 人时，$t_i=24500/(24.5\times50)=20$（天）

2. 流水步距 $B_{i,i+1}$

（1）定义：两个相邻的施工队先后进入同一施工段开始施工的时间间隔。

（2）确定流水步距的目的：保证作业组在不同施工段上连续作业，不出现窝工现象。

（3）确定流水步距的基本要求：

1）应保证相邻两个施工过程之间工艺上有合理的顺序，不发生前一个施工过程尚未全部完成，而后一个施工过程便提前介入的现象。

2）保持施工的连续性，不发生停工现象。

3）应考虑各施工过程之间必需的技术间歇时间和组织间歇时间。

4）满足工艺、组织、质量的要求，工作面不拥挤。

3. 流水工期 T_L

工期是指完成一项过程任务或一个流水组施工所需的时间，一般按下式计算

$$T_L=\sum B_{i,i+1}+T_n$$

式中 $\sum B_{i,i+1}$——流水施工中各流水步距之和；

T_n——流水施工中最后一个施工过程的持续时间。

（三）空间参数

1. 作业面 a

安置工人操作和布置机械地段的大小，依施工过程、技术要求等确定。

2. 施工段数 m

（1）定义。把施工对象划分为劳动量大致相同的段。

（2）划分施工段的目的。保证不同工种能在不同作业面上同时工作，为流水作业创造条件，只有划分了施工段才能开展流水作业。

（3）考虑的因素。结构界限，劳动量大致相同，足够的施工作业面，考虑施工机械、人员、材料、安全等因素。

四、流水施工方式

流水施工方式根据流水施工节拍特征的不同，可分为有节奏流水施工、无节奏流水施工。有节奏流水施工又可分为全等节拍流水施工、成倍节拍流水施工和异节拍流水施工。

（一）有节奏流水施工

1. 全等节拍流水施工

全等节拍流水施工是指各施工过程的流水节拍 t_i 与相邻施工过程之间的流水步距 $B_{i,i+1}$ 完全相等的流水作业。根据其间歇与否又可分为无间歇全等节拍流水施工和有间歇全等节拍流水施工。

（1）无间歇全等节拍流水施工。无间歇全等节拍流水施工是指各个施工过程之间没有技术和组织间歇时间，且流水节拍均相等的一种流水施工方式。

流水步距：
$$B_{i,i+1}=t_i$$

工期：
$$T_L=(m+n-1)t_i$$

【例 2-4】 某分部工程划分为甲、乙、丙、丁四个施工过程，每个施工过程分为四个施工段，流水节拍均为 2 天，试组织全等节拍流水施工。

解： 已知 $n=4$，$m=4$，$t_i=2$

流水步距：$B_{i,i+1}=t_i=2$ 天

流水工期：$T_L=(m+n-1)t_i=(4+4-1)\times2=14$（天）

用横线图绘制流水施工进度计划，如图 2-1 所示。

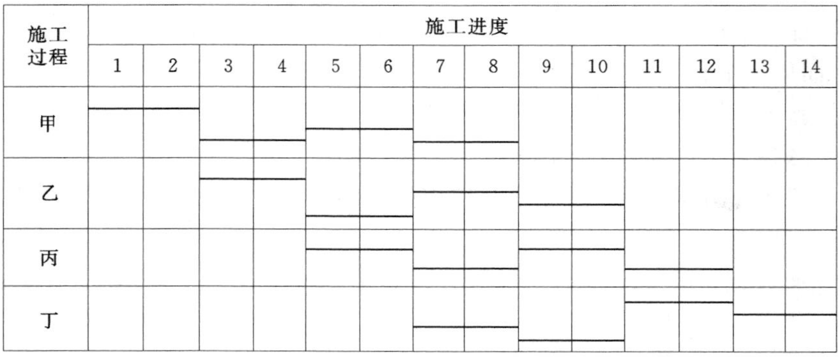

施工过程	施工进度													
	1	2	3	4	5	6	7	8	9	10	11	12	13	14
甲														
乙														
丙														
丁														

图 2-1　某分部工程无间歇全等节拍流水施工进度计划横线图

（2）有间歇全等节拍流水施工。有间歇全等节拍流水施工是指各个施工过程之间有的需要技术或组织间歇时间，有的可搭接施工，其流水节拍均为相等的一种流水施工方式。

流水步距：
$$B_{i,i+1}=t_i+t_j-t_d$$

工期：
$$T_L=(m+n-1)t_i+\sum t_j-\sum_t t_d$$

式中　　t_j——第 i 个施工过程与第 $i+1$ 个施工过程之间的间歇时间；

　　　　t_d——第 i 个施工过程与第 $i+1$ 个施工过程之间的搭接时间。

【例 2-5】　某工程划分为 A、B、C 三个施工过程，每个施工过程分为两个施工段，流水节拍均为 3 天，B 过程完成后停 2 天才能进行 C 过程，试组织流水施工。

解：已知 $n=3$，$m=2$，$t_i=3$

流水步距：
$$B_{A,B}=t_i=3 \text{ 天}$$
$$B_{b,c}=t_i+t_j=3+2=5（天）$$

工期：　　$T_L=(m+n-1)t_i+\sum t_j-\sum t_d=(2+3-1)\times 3+2-0=14（天）$

用横线图绘制流水施工进度计划，如图 2-2 所示。

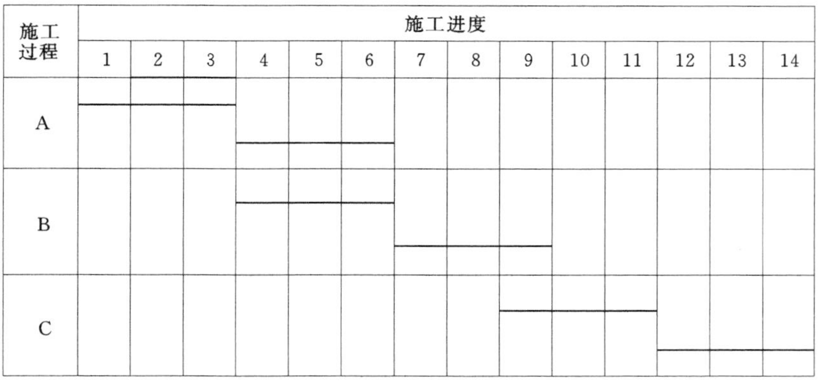

施工过程	施工进度													
	1	2	3	4	5	6	7	8	9	10	11	12	13	14
A														
B														
C														

图 2-2　某工程有间歇全等节拍流水施工进度计划横线图

2. 成倍节拍流水施工

成倍节拍流水施工是指同一施工过程在各施工段的流水节拍相等，不同施工过程之间的流水节拍彼此不完全相等，但互成倍数关系。

总工期的计算步骤：

（1）求各流水节拍的最大公约数 k，相当于各施工过程共同遵守的"公共流水步距"，仍称流水步距。

（2）求各施工过程的施工队伍数 b_i。每个施工过程流水节拍 t_i 是 k 的几倍，就组织几个专业施工队，即 $b_i=t_i/k$。

（3）将专业队数总和 $\sum b_i$ 看成施工过程数 n，k 看成流水步距，按全等节拍流水法组织施工。

（4）总工期：　　$T_L=(m+n-1)t_i=(m+\sum b_i-1)k$

【例 2-6】　有 6 座类型相同的涵洞，每座涵洞包括四道工序。每个专业队由 4 人组成，工作时间为：挖槽 2 天，砌基 4 天，安管 6 天，洞口 2 天，求总工期 T_L 并绘制施工进度图。

解：（1）由 $t_1=2$ 天，$t_2=4$ 天，$t_3=6$ 天，$t_4=2$ 天，得 $k=2$ 天

（2）求 $\sum b_i$：$b_1=t_1/k=1$，$b_2=t_2/k=2$，$b_3=t_3/k=3$，$b_4=t_4/k=1$
$$\sum b_i=1+2+3+1=7$$

（3）按 7 个专业队，流水步距为 2 天组织施工。

（4）总工期 $t = (m+n-1)\,t_i = (m+\sum b_i -1)k = (6+7-1)\times 2 = 24$（天）。

（5）绘制施工进度图，详见图 2-3。

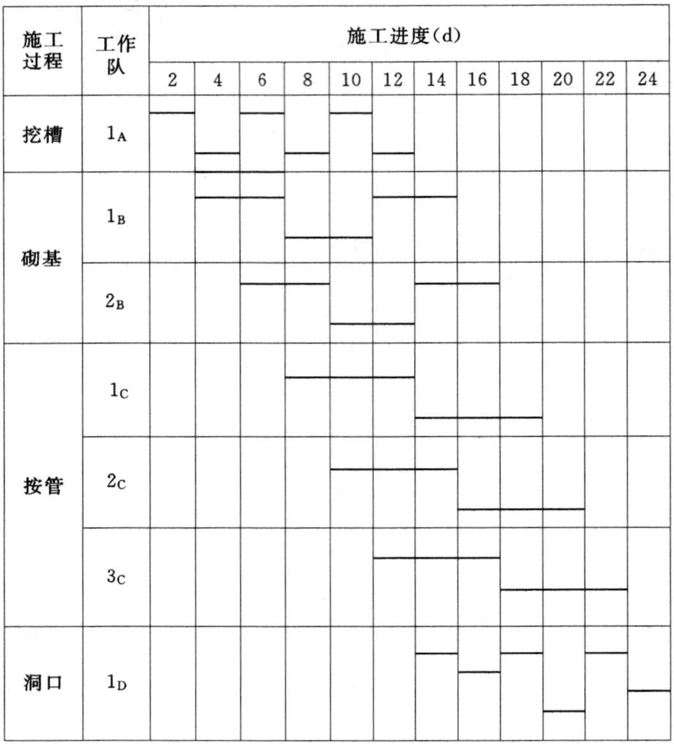

施工过程	工作队	施工进度(d)											
		2	4	6	8	10	12	14	16	18	20	22	24
挖槽	1_A												
砌基	1_B												
	2_B												
按管	1_C												
	2_C												
	3_C												
洞口	1_D												

图 2-3 成倍节拍流水施工进度计划横线图

3. 异节拍流水施工

异节拍流水施工是指同一施工过程在各个施工段的流水节拍相等，不同施工过程之间的流水节拍不一定相等的流水施工方式。

（1）流水步距 $B_{i,i+1}$ 的计算。

当后一施工过程的作业持续时间 t_{i+1} 等于或大于前一施工过程的作业持续时间 t_i 时：

$$B_{i,i+1} = t_i + t_j - t_d$$

当后一施工过程的作业持续时间 t_{i+1} 小于前一施工过程的作业持续时间 t_i 时：

$$B_{i,i+1} = mt_i - (m-1)t_{i+1} + t_j - t_d$$

（2）工期计算。

$$T_L = \sum B_{i,i+1} + T_n$$

式中　T_n——最后一个施工队流水节拍的总和。

【例 2-7】 某路面工程 5km，分垫层、基层、面层和保护层四个施工过程，分四个施工段，各施工过程的流水节拍为 $t_1 = 3$ 天，$t_2 = 4$ 天，$t_3 = 4$ 天，$t_4 = 2$ 天，基层施工完后有 1 天的技术间隔时间。求各施工过程之间的流水步距及该工程的工期。

解：（1）计算流水步距。

垫层与基层间：因 $t_2 > t_1$，$t_j = 0$，$t_d = 0$，所以

$$B_{1,2} = t_1 + t_j - t_d = 3 + 0 - 0 = 3(天)$$

基层与面层间：因 $t_3 = t_2$，$t_j = 1$，$t_d = 0$，所以

$$B_{2,3} = t_2 + t_j - t_d = 4 + 1 - 0 = 5(天)$$

面层与保护层间：因 $t_4 < t_3$，$t_j = 0$，$t_d = 0$，所以

$$B_{3,4} = mt_3 - (m-1)t_4 + t_j - t_d = 4 \times 4 - (4-1) \times 2 + 0 - 0 = 10(天)$$

（2）工期计算。

$$T_n = 4 \times 2 = 8(天)$$
$$T_L = \sum B_{i,i+1} + T_n = 3 + 5 + 10 + 8 = 26(天)$$

（二）无节奏流水施工

无节奏流水施工是指在组织流水施工时，全部或部分施工过程在各个施工段上的流水节拍不相等的流水施工。

1. 流水步距计算

累加数列错位相减取大差，所取大差为最小流水步距。

2. 工期计算

$$T_L = \sum B_{i,i+1} + T_n$$

【例 2-8】　现有一座桥梁分Ⅰ、Ⅱ、Ⅲ、Ⅳ四个施工段，每个施工段又分为立模、轧筋、浇混凝土三道工序，各工序工作班组人数及时间见表 2-1。确定最小流水步距，求总工期，绘制其施工进度图及劳动力变化曲线。

表 2-1　　　　　　　各工序工作班组人数及时间表

工序	班组人数	施工段			
		Ⅰ	Ⅱ	Ⅲ	Ⅳ
立模	10	2	3	4	3
轧筋	15	3	4	2	5
浇混凝土	10	2	3	3	2

解：（1）计算 $B_{1,2}$。

1）将第一道工序的工作时间依次累加后得：2，5，9，12。

2）将第二道工序的工作时间依次累加后得：3，7，9，14。

3）将上面两步得到的二行错位相减，取大差得 $B_{1,2}$。

$$
\begin{array}{ccccc}
 & 2 & 5 & 9 & 12 \\
- & & 3 & 7 & 9 & 14 \\
\hline
 & 2 & 2 & 2 & 3 & -14
\end{array}
$$
　$B_{1,2} = 3$ 天

（2）计算 $B_{2,3}$。

1）将第二道工序的工作时间依次累加后得：3，7，9，14。

2）将第三道工序的工作时间依次累加后得：2，5，8，10。

3）将上面两步得到的二行错位相减，取大差得 $B_{2,3}$。

$$\begin{array}{ccccc}
 & 3 & 7 & 9 & 14 \\
- & 2 & 5 & 8 & 10 \\
\hline
 & 3 & 5 & 4 & 6 & -10
\end{array}$$

$$B_{2,3}=6\ \text{天}$$

（3）计算总工期

$$T_I=\sum B_{i,i+1}+T_n=3+6+10=19（天）$$

（4）绘制施工进度图及劳动力变化曲线（图2-4）。

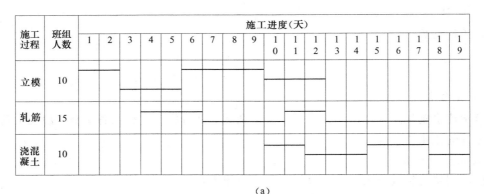

（a）

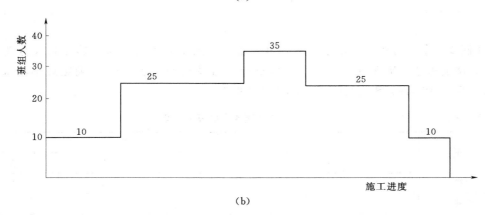

（b）

图2-4　无节奏流水施工进度计划横线图及劳动力变化曲线
（a）施工进度计划横线图；（b）劳动变化曲线

第二节　网络计划技术原理

网络计划技术是以网络计划对任务的工作进度进行安排和控制，以保证实现预定目标的科学的计划管理技术。网络计划由两部分构成，即网络图和网络时间参数，由于网络计划技术能清楚而明确地表达各工作内容之间的逻辑关系，易于发现项目实施中经常出现的时间冲突、资源冲突；同时网络图的编制可粗可细，可以随着项目进展的深入而不断细化；可以根据需要编制多级网络计划系统；随着技术的进步，已有相关的应用软件替代人工绘制网络计划图，因此在现代项目管理中得到了广泛而深入的应用。

常用的网络计划类型主要有双代号网络计划、单代号网络计划、双代号时标网络计划和单代号搭接网络计划。本节主要介绍双代号网络计划技术。

一、基本概念

（1）网络图。由箭线和节点组成，用来表示工作流程的有向、有序网状图形。

（2）工作。也称为工序或活动，是计划任务根据计划编制要求的不同，所划分而成的子项目或子任务。

（3）工艺关系。由工艺过程或工作程序决定的工作先后顺序关系。

（4）组织关系。由组织安排需要或资源调配需要而规定的先后顺序关系。

（5）紧前工作。紧排在某工作之前的工作称为该工作的紧前工作。

（6）紧后工作。紧排在某工作之后的工作称为该工作的紧后工作。

（7）平行工作。可以与某工作同时进行的工作即为该工作的平行工作。

（8）先行工作。从网络图的起始节点开始到达该工作开始节点的各条通路上的所有工作称为该工作的先行工作。

（9）后续工作。从该工作结束节点开始到达网络图的结束节点的各条通路上的所有工作称为该工作的后续工作。

（10）线路。从网络图的起始节点开始到达网络图的结束节点的通路称为线路。

（11）关键线路。各条线路中总持续时间最长的线路称为关键线路。

（12）关键工作。关键线路上的工作称为关键工作。

二、工作在网络图中的表示方法

1. 双代号网络图表示方法

如图 2-5、图 2-6 所示。

图 2-5 双代号网络图实工作表示方法　　　　图 2-6 双代号网络图虚工作表示方法

2. 单代号网络图表示方法

如图 2-7 所示。

图 2-7 单代号网络图工作表示方法

三、双代号网络图的绘制

（一）绘图规则

（1）必须按照已定的逻辑关系绘制。

（2）严禁出现从一个节点出发，顺箭头方向又回到原出发点的循环回路。

（3）箭线（包括虚箭线，以下同）应保持自左向右的方向，不应出现箭头指向左方的水平箭线和箭头偏向左方的斜向箭线。

（4）严禁出现双向箭头和无箭头的连线。

（5）严禁出现没有箭尾节点的箭线和没有箭头节点的箭线。

（6）严禁在箭线上引入或引出箭线。

（7）应尽量避免网络图中工作箭线的交叉。

（8）网络图中应只有一个起点节点和一个终点节点（任务中部分工作需要分期完成的网络计划除外）。

图2-8～图2-11给出了几种画法的对比。

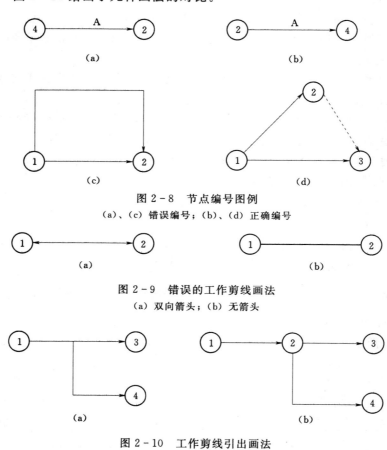

图2-8　节点编号图例

（a）、（c）错误编号；（b）、（d）正确编号

图2-9　错误的工作剪线画法

（a）双向箭头；（b）无箭头

图2-10　工作剪线引出画法

（a）错误；（b）正确

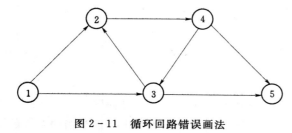

图2-11　循环回路错误画法

（二）绘图方法

（1）首先绘制没有紧前工作的工作箭线，使它们具有相同的开始节点，以保证网络图只有一个起点节点。

（2）依次绘制其他工作箭线。只有一项紧前工作时直接绘制，有多项紧前工作时间接绘制：

1）多项紧前工作中只有一项为本工作独有时，本工作绘在其之后。

2）多项紧前工作中不止一项为本工作独有时，先将其所有紧前工作结束节点合并，在这之后绘制本工作。

3）多项紧前工作中没有为本工作独有，但有多项同时为其他工作共有时，则应先将共有紧前工作结束节点合并，并在合并点后绘制本工作。

4）多项紧前工作中没有为本工作独有，也没有多项同时为其他工作共有时，应将本工作单独绘制。

（3）当各项工作箭线都绘制出来之后，应合并那些没有紧后工作之工作箭线的箭头节点，以保证网络图只有一个终点节点（多目标网络计划除外）。

（4）当确认所绘制的网络图正确后，即可进行节点编号。

（三）绘图示例

【例 2-9】 已知各工作之间的逻辑关系见表 2-2，绘制双代号网络图。

根据绘图原则及方法，绘制结果如图 2-12 所示。

表 2-2　工作逻辑关系表

工作	A	B	C	D
紧前工作	—	—	A、B	B

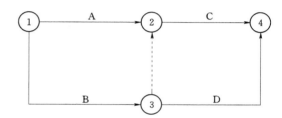

图 2-12　双代号网络计划图（[例 2-9]）

【例 2-10】 已知各工作之间的逻辑关系见表 2-3，绘制双代号网络图。

表 2-3　　　　　　　　　　　工 作 逻 辑 关 系

施工过程	紧前工作	紧后工作	施工过程	紧前工作	紧后工作
A	—	B	F	C、D	HI
B	A	CDE	G	C、E	H
C	B	FG	H	F、G	J
D	B	F	I	F	J
E	B	G	J	H、I	—

绘制双代号网络图如图 2-13 所示。

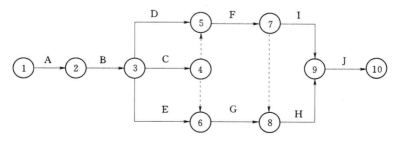

图 2-13　双代号网络计划图（[例 2-10]）

四、双代号网络图时间参数的计算

（一）网络计划时间参数的概念

所谓时间参数，是指网络计划、工作及节点所具有的各种时间值。

（1）工作持续时间。工作持续时间是指一项工作从开始到完成的时间，在双代号网络计划中，工作i—j的持续时间用 D_{i-j} 表示；在单代号网络计划中，工作i的持续时间用 D_i 表示。

（2）工期。工期泛指完成一项任务所需要的时间。在网络计划中，工期一般有以下三种：

1）计算工期。根据网络计划时间参数计算而得到的工期，用 T_c 表示。

2）要求工期。任务委托人所提出的指令性工期，用 T_r 表示。

3）计划工期。根据要求工期和计算工期所确定的作为实施目标的工期，用 T_p 表示。

（3）最早开始时间。最早开始时间是指在其所有紧前工作全部完成后，本工作有可能开始的最早时刻。在双代号网络计划中用 ES_{i-j} 表示。

（4）最早完成时间。最早完成时间是指在其所有紧前工作全部完成后，本工作有可能完成的最早时刻。双代号网络计划中用 EF_{i-j} 表示。

（5）最迟完成时间。最迟完成时间是指在不影响整个任务按期完成的前提下，本工作必须完成的最迟时刻。在双代号网络计划中用 LF_{i-j} 表示。

（6）最迟开始时间。最迟开始时间是指在不影响整个任务按期开始的前提下，本工作必须开始的最迟时刻，在双代号网络计划中用 LS_{i-j} 表示。

（7）总时差。总时差是指在不影响总工期的前提下，本工作可以利用的机动时间，在双代号网络计划中用 TF_{i-j} 表示。

（8）自由时差。自由时差是指在不影响其紧后工作最早开始时间的前提下，本工作可以利用的机动时间，在双代号网络计划中用 FF_{i-j} 表示。对同一项工作而言，自由时差不会超过总时差，当总时差为零时，其自由时差也必为零。

（9）节点最早时间。节点最早时间是指在双代号网络计划中，以该节点为开始节点的各项工作的最早开始时间。节点i的最早时间用 ET_i 表示。

（10）节点最迟时间。指在双代号网络计划中，以该节点为完成节点的各项工作的最迟完成时间。节点j的最迟时间用 LT_j 表示。

（11）相邻两项工作之间的时间间隔。指本工作的最早完成时间与其紧后工作最早开始时间之间可能存在的差值，工作i与工作j之间的时间间隔用 $LAG_{i,j}$ 表示。

（二）六时标注法网络计划时间参数的计算

计算网络图时间参数的目的有三个：①确定关键线路，使得在工作中能抓住主要矛盾，向关键线路要时间；②计算非关键线路上的富余时间，明确其存在多少机动时间，向非关键线路要劳力、资源；③确定总工期，做到工程进度心中有数。

双代号网络时间参数的计算方法有分析计算法、图上计算法、表上计算法、矩阵计算法和电算法等，本节主要介绍图上计算法，也叫六时标注法。

1. 工作时间参数的标注规定

如图 2-14 所示。

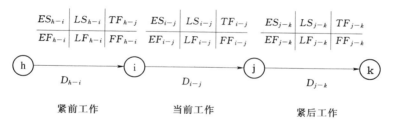

图 2-14 工作时间参数的标注

2. 工作时间参数的计算方法

（1）最早开始时间和最早完成时间。计算工作的最早开始时间和最早完成时间其计算顺序为从开始节点到结束节点顺箭向方向计算。第一项工作的最早开始时间为零，其余工作的最早开始时间按式（2-1）计算，最早完成时间按式（2-2）计算。

$$ES_{i-j} = ES_{h-i} + D_{h-i} \qquad (2-1)$$

若紧前工作有两项以上，应取其大值作为本项工作的最早开始时间，计算结果标注在剪线上方的第一行第一格内。

$$EF_{i-j} = ES_{i-j} + D_{i-j} \qquad (2-2)$$

计算结果标注在剪线上方的第二行第一格内。

（2）最迟完成时间和最迟开始时间。计算工作的最迟完成时间和最迟开始时间其计算顺序为从结束节点到开始节点逆箭向方向计算。当无工期要求时，最后一项工作的最迟完成时间就等于计算工期，其余工作的最迟完成时间按式（2-3）计算，最迟开始时间按式（2-4）计算。

$$LF_{i-j} = LF_{j-k} - D_{j-k} \qquad (2-3)$$

若紧后工作有两项以上者，应取其小值作为本项工作的最迟完成时间，计算结果标注在剪线上方的第二行第二格内。

$$LS_{i-j} = LF_{i-j} - D_{i-j} \qquad (2-4)$$

计算结果标注在剪线上方的第一行第二格内。

（3）自由时差和总时差。

自由时差： $$FF_{i-j} = ES_{j-k} - EF_{i-j} \qquad (2-5)$$

计算结果标注在第二行第三格内。

总时差 $$TF_{i-j} = LS_{i-j} - ES_{i-j} \qquad (2-6a)$$

或 $$TF_{i-j} = LF_{i-j} - EF_{i-j} \qquad (2-6b)$$

计算结果标注在第一行第三格内。

3. 关键工作及关键线路的确定

总时差为零或最小的工作即为关键工作，找出各条线路中总持续时间最长的线路即为关键线路（一般由关键工作组成的线路为关键线路）。

4. 计算示例

【例 2 - 11】 用六时标注法计算如图 2 - 15 所示的双代号网络图的各项时间参数值。

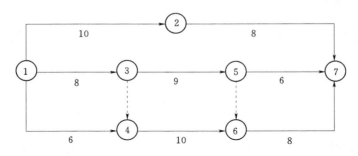

图 2 - 15　双代号网络计划图

解： 开始节点为 1，开工时间为 0。

(1) 各工作最早开始时间和最早完成时间计算。

由式（2 - 1）和式（2 - 2）计算过程如下：

工作 1—2：　$ES_{1-2} = 0, EF_{1-2} = ES_{1-2} + D_{1-2} = 0 + 10 = 10$（天）

工作 1—3：　$ES_{1-3} = 0, EF_{1-3} = ES_{1-3} + D_{1-3} = 0 + 8 = 8$（天）

工作 1—4：　$ES_{1-4} = 0, EF_{1-4} = ES_{1-4} + D_{1-4} = 0 + 6 = 6$（天）

工作 2—7：　$ES_{2-7} = EF_{1-2} = 10$ 天, $EF_{2-7} = ES_{2-7} + D_{2-7} = 10 + 8 = 18$（天）

工作 3—5：　$ES_{3-5} = EF_{1-3} = 8$ 天, $EF_{3-5} = ES_{3-5} + D_{3-5} = 8 + 9 = 17$（天）

工作 5—7：　$ES_{5-7} = EF_{3-5} = 17$ 天, $EF_{5-7} = ES_{5-7} + D_{5-7} = 17 + 6 = 23$（天）

工作 4—6：　$ES_{4-6} = \max(EF_{1-3}, EF_{1-4}) = \max(8, 6) = 8$（天）

　　　　　　$EF_{4-6} = ES_{4-6} + D_{4-6} = 8 + 10 = 18$（天）

工作 6—7：　$ES_{6-7} = \max(EF_{3-5}, EF_{4-6}) = \max(17, 18) = 18$（天）

　　　　　　$EF_{6-7} = ES_{6-7} + D_{6-7} = 18 + 8 = 26$（天）

计算工期：　$T_c = \max(EF_{2-7}, EF_{5-7}, EF_{6-7}) = \max(18, 23, 26) = 26$（天）

在未规定要求工期的情况下，计划工期就等于计算工期，即

$$T_p = T_c = 26 \text{ 天}$$

(2) 各工作最迟完成时间和最迟开始时间计算。

工作最迟完成时间和最迟开始时间的计算应从网络计划的终节点开始，逆着剪线方向依次进行，根据式（2 - 3）和式（2 - 4）计算过程如下：工作 2—7、工作 5—7、工作 6—7 均以终节点为完成节点的工作，其最迟完成时间等于网络计划的计算工期，即

$$LF_{2-7} = LF_{5-7} = LF_{6-7} = T_c = 26 \text{（天）}$$

工作 2—7：　$LS_{2-7} = LF_{2-7} - D_{2-7} = 26 - 8 = 18$（天）

工作 1—2：　$LF_{1-2} = LS_{2-7} = 18$ 天, $LS_{1-2} = LF_{1-2} - D_{1-2} = 18 - 10 = 8$（天）

工作 5—7：　$LS_{5-7} = LF_{5-7} - D_{5-7} = 26 - 6 = 20$（天）

工作 6—7：　$LS_{6-7} = LF_{6-7} - D_{6-7} = 26 - 8 = 18$（天）

工作 4—6：　$LF_{4-6} = LS_{6-7} = 18$ 天, $LS_{4-6} = LF_{4-6} - D_{4-6} = 18 - 10 = 8$（天）

工作 1—4：　$LF_{1-4} = LS_{4-6} = 8$ 天, $LS_{1-4} = LF_{1-4} - D_{1-4} = 8 - 6 = 2$（天）

工作 3—5：　$LF_{3-5}=\min(LS_{5-7},LS_{6-7})=\min(20,18)=18(天)$

$LS_{3-5}=LF_{3-5}-D_{3-5}=18-9=9(天)$

工作 1—3：　$LF_{1-3}=\min(LS_{3-5},LS_{4-6})=\min(9,8)=8(天)$

$LS_{1-3}=LF_{1-3}-D_{1-3}=8-8=0(天)$

（3）自由时差和总时差计算。

工作 1—2：　$FF_{1-2}=ES_{2-7}-EF_{1-2}=10-10=0(天)$

$TF_{1-2}=LS_{1-2}-ES_{1-2}=8-0=8(天)$

工作 2—7：　$FF_{2-7}=T_c-EF_{2-7}=26-18=8(天)$

$TF_{2-7}=LS_{2-7}-ES_{2-7}=18-10=8(天)$

工作 1—3：　$FF_{1-3}=\min(ES_{3-5}-EF_{1-3},ES_{4-6}-EF_{1-3})$

$=\min(8-8,8-8)=0(天)$

$TF_{1-3}=LS_{1-3}-ES_{1-3}=0-0=0(天)$

工作 3—5：　$FF_{3-5}=\min(ES_{5-7}-EF_{3-5},ES_{6-7}-EF_{3-5})$

$=\min(17-17,18-17)=0(天)$

$TF_{3-5}=LS_{3-5}-ES_{3-5}=9-8=1(天)$

工作 5—7：　$FF_{5-7}=T_c-EF_{5-7}=26-23=3(天)$

$TF_{5-7}=LS_{5-7}-ES_{5-7}=20-17=3(天)$

工作 1—4：　$FF_{1-4}=ES_{4-6}-EF_{1-4}=8-6=2(天)$

$TF_{1-4}=LS_{1-4}-ES_{1-4}=2-0=2(天)$

工作 4—6：　$FF_{4-6}=ES_{6-7}-EF_{4-6}=18-18=0(天)$

$TF_{4-6}=LS_{4-6}-ES_{4-6}=8-8=0(天)$

工作 6—7：　$FF_{6-7}=T_c-EF_{6-7}=26-26=0(天)$

$TF_{6-7}=LS_{6-7}-ES_{6-7}=18-18=0(天)$

将上述计算结果标注在网络图上，如图 2-16 所示。

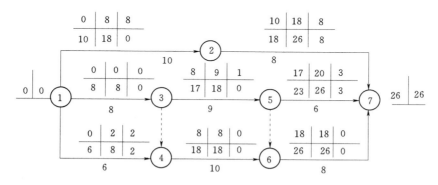

图 2-16　双代号网络计划（六时标注法）图

（4）确定关键工作和关键线路。

总时差为最小的工作即为关键工作。工作 1—3、工作 4—6、工作 6—7 总时差均为零，故它们都是关键工作，由关键工作连成的线路即为关键线路，即①—③—④—⑥—⑦

为关键线路，而且该线路总持续时间为 26 天最长。

第三节　施工进度管理基本知识

进度管理是根据工程项目的进度目标，编制经济合理的进度计划，并据以检查工程项目进度计划的执行情况，若发现实际执行情况与计划进度不一致，就及时分析原因，并采取必要的措施对原工程进度计划进行调整或修正的过程。进度管理的目的就是为了实现最优工期，在与质量、费用目标协调的基础上实现工期目标，又好又快地完成任务。

一、进度管理的地位与作用

工程项目能否在预定的时间内交付使用，直接关系到项目经济和社会效益的发挥。进度控制的目标与投资控制、质量控制的目标是对立统一的，一般说来，进度慢就要增加投资，工期提前也会提高投资效益；进度快可能影响质量，而质量控制严格就可能影响进度；但如果质量控制严格而避免了返工，又会加快进度。进度、质量与投资三个目标是一个系统，工程管理就是要解决好三者的矛盾，既要进度快，又要投资省、质量好。

二、进度管理的原理

进度管理是以现代科学管理原理作为其理论基础的，主要有动态控制原理、封闭循环原理、信息反馈原理和网络计划技术原理等。

1. 动态控制原理

施工项目进度控制是一个不断进行的动态控制，也是一个循环进行的过程。它是从项目施工开始，实际进度计划就进入了执行的动态。实际进度按照计划进度进行时，两者相吻合；当实际进度与计划进度不一致时，便产生了超前或落后的偏差。分析偏差的原因，采取相应的措施，调整原来的计划，使两者在新的起点上重合，继续按其进行施工活动，并且尽量发挥组织管理的作用，使实际工作按计划进行。但是在新的干扰因素作用下，又会产生新的偏差，根据各方面的变化情况，应进行适时的动态控制，以保证计划符合变化的情况。

2. 封闭循环原理

项目的进度计划控制的全过程是计划、实施、检查、比较分析、确定调整措施、再计划。从编制项目施工进度计划开始，经过实施过程中的跟踪检查，收集有关实际进度的信息，比较和分析实际进度与施工计划进度之间的偏差，找出产生原因和解决办法，确定调整措施，再修改原进度计划，形成一个封闭的循环系统。

3. 信息反馈原理

信息反馈是施工项目进度控制的主要环节，施工的实际进度通过信息反馈给基层施工项目进度控制的工作人员，在分工的职责范围内，经过对其加工，再将信息逐级向上反馈，直到主控制室，主控制室整理统计各方面的信息，经比较分析作出决策，调整进度计划，使其符合预定工期目标，施工项目进度控制的过程其实就是信息反馈的过程。

4. 网络计划技术原理

在施工项目进度的控制中利用网络计划技术原理编制进度计划，根据收集的实际进度信息，比较和分析进度计划，又利用网络计划的工期优化、工期与成本优化和资源优化的理论调整计划。网络计划技术原理是施工项目进度控制完整的计划管理和分析计算的理论基础。

三、进度管理的目标

进度管理总目标是依据施工总进度计划确定的。对进度管理中目标进行层层分解，便形成实施进度管理、相互制约的目标体系。

工程项目进度目标是从总的方面对项目建设提出的工期要求，但在施工活动中，是通过对最基层的分部分项工程的施工进度管理来保证各单项（位）工程或阶段工程进度管理目标的完成，进而实现工程进度管理总目标的。因而需要将总进度目标进行一系列的从总体到细部、从高层次到基础层次的层层分解，一直分解到在施工现场可以直接调度控制的分部工程或作业过程的施工为止。在分解中，每一层次的进度管理目标都限定了下一级层次的进度管理目标，而较低层次的进度管理目标又是较高一级层次进度管理目标得以实现的保证，于是就形成了一个自上而下层层约束，由下而上级级保证，上下一致的多层次的进度管理目标体系。

四、进度管理的程序

（1）根据施工合同的要求确定施工进度目标，明确计划开工日期、计划总工期和计划竣工日期，确定项目分期分批的开竣工日期。

（2）编制施工进度计划，具体安排实施计划目标的工艺关系、组织关系、搭接关系、起止时间、劳动力计划、材料计划、机械计划及其他保证性计划。分包人负责根据项目施工进度计划编制分包工程施工进度计划。

（3）进行计划交底，落实责任，并向监理工程师提出开工申请报告，按监理工程师开工令确定的日期开工。

（4）实施施工进度计划。项目经理应通过施工部署、组织协调、生产调度和指挥、改善施工程序和方法的决策等，应用技术、经济和管理手段实现有效的进度管理。

五、进度计划的编制

（一）进度计划的种类

（1）控制性进度计划。包括整个项目的总进度计划、分阶段进度计划、子项目进度计划或单体工程进度计划和年（季）度计划。

（2）作业性进度计划。包括分部分项工程进度计划、月度作业计划和旬度作业计划，作业性进度计划是项目作业的依据。

（二）进度计划的编制依据

（1）项目合同。

（2）施工计划。

（3）施工进度目标。

（4）设计文件。

（5）施工现场条件。

（6）供货进度计划。

（7）有关技术经济资料。

（三）进度计划的编制程序

（1）确定进度计划的目标、性质和任务。

（2）进行工作分解。

（3）收集编制依据。

（4）确定工作的起止时间及里程碑。

（5）处理各工作之间的逻辑关系。

（6）编制进度表。

（7）编制进度说明书。

（8）编制资源需要量及供应平衡表。

（9）报有关部门批准。

六、进度计划的实施

（一）进度计划实施要求

（1）经批准的进度计划，应向执行者进行交底并落实责任。

（2）进度计划执行者应制订实施计划措施。

（3）在实施进度计划的过程中应进行下列工作：

1）跟踪检查，收集实际进度数据。

2）将实际数据与进度计划进行对比。

3）分析计划执行的情况。

4）对产生的进度变化，采取措施予以纠正或调整计划。

5）检查措施的落实情况。

6）进度计划的变更必须与有关单位和部门及时沟通。

（二）进度计划实施步骤

（1）向执行者进行交底并落实责任。

（2）制定实施计划方案。

（3）下达施工任务。

（4）做好施工进度记录，填好施工进度统计表。

（5）做好施工中的调度工作。

七、进度计划的检查与调整

（1）对进度计划进行的检查与调整应依据其实施结果。

（2）进度计划检查应按统计周期的规定进行定期检查，并应根据需要进行不定期检查。

（3）进度计划检查的内容包括：

1）工作量的完成情况。

2）工作时间的执行情况。

3）资源使用及与进度的匹配情况。

4）上次检查提出问题的处理情况。

（4）进度计划检查报告的编制内容包括：

1）进度执行情况的综合描述。

2）实际进度与计划进度的对比资料。

3）进度计划的实施问题及原因分析。

4）进度执行情况对质量、安全和成本等的影响情况。

5）采取的措施和对未来计划进度的预测。

（5）进度计划调整的方法涉及：①工作量；②起止时间；③工作关系；④资源供应；⑤必要的目标调整；⑥进度计划调整后应编制新的进度计划，并及时与相关单位和部门沟通。

思　考　题

2-1　什么是流水施工？

2-2　什么是双代号网络图？

2-3　工作总时差与自由时差的主要区别是什么？

2-4　网络图关键线路是如何确定的？

2-5　什么是虚箭线？它在双代号网络图中起什么作用？

2-6　进度管理的地位与作用是什么？

2-7　进度计划检查的内容是什么？

习　　题

2-1　按下列工作的逻辑关系，分别绘出其双代号网络图。

（1）A、B均完成后进行C、D，C完成后进行E，D完成后进行F。

（2）A、B、C均完成后进行D，B、C完成后进行E，D、E完成后进行F。

2-2　已知某工程任务划分为5个施工过程，分四段组织流水施工，流水节拍均为3天，在第二个施工过程结束后有2天技术和组织间歇时间，试计算其工期并绘制进度计划。

2-3　某分部工程，已知施工过程 $n=3$，施工段数 $m=4$，各施工过程在各施工段的流水节拍见表2-4，并且在基础和回填土之间要求技术间歇 $t_j=1$ 天。试组织流水施工，计算流水步距和工期，绘出流水施工横线图。

表 2-4　　　　　　　　　某分部工程各施工过程的流水节拍　　　　　　　　　单位：天

序　号	工　序	施　工　段			
		1	2	3	4
1	挖土	3	3	3	3
2	基础	4	4	4	4
3	回填土	2	2	2	2

2-4　已知工作之间的逻辑关系见表2-5、表2-6，试分别绘制双代号网络图。

表 2－5　　　　　　　　　工作之间的逻辑关系表（一）

工作	A	B	C	D	E	G	H
紧前工作	C、D	E、H	—	—	—	D、H	

表 2－6　　　　　　　　　工作之间的逻辑关系表（二）

工作	A	B	C	D	E	G
紧前工作	—	—	—	—	B、C、D	A、B、C

2－5　按表 2－7 所列工作逻辑关系和工作持续时间，绘制出双代号网络图，并用六时标注法计算各工作的时间参数。

表 2－7　　　　　　　　　工作逻辑关系和工作持续时间

工作	A	B	C	D	E	F
紧前工作	—	—	—	A、B	B	C、D、E
持续时间	8	6	10	5	12	15

第三章 施工现场质量管理

随着我国国民经济持续高速增长，基建投资项目不断增加，建筑业迎来了蓬勃发展的大好时期，建筑工程的质量越来越为人们所重视。建筑工程质量的优劣，不仅关系到工程的适用性，而且关系到国家和人民生命财产的安全，因此，为了保证工程质量，在施工过程中必须对工程进行严格的现场质量管理，这对统筹建筑施工全过程、推动企业的技术进步和优化建筑施工管理都将起到重要作用。

第一节 施工现场质量管理基本知识

一、基本概念

（一）质量

根据《质理管理体系标准》（GB/T 19000：2000），质量的定义是一组固有特性满足要求的程度。术语"质量"可以使用形容词"差"、"好"或"优秀"来修饰。

"固有的"（其反义是"赋予的"）就是指在某事或某物本来就有的尤其是那种永久的特性。对产品来说，例如水泥的化学成分、强度、凝结时间就是固有特性，而价格和交货期则是赋予特性。对质量管理体系来说，固有特性就是实现质量方针和质量目标的能力。对过程来说，固有特性就是过程将输入转化为输出的能力。

质量主体是实体。实体可以是活动或过程（如设计单位受业主委托实施工程设计或承建商履行施工合同的过程），也可以是活动或过程结果的有形产品（如施工图、建成的厂房等）或无形产品（如完成的监理规划等），也可以是某个组织体系或人，以及以上各项的组合。由此可见，质量的主体不仅包括产品，还包括活动、过程、组织体系或人，以及他们的组合。

从术语的基本特性来说，质量是满足要求的程度。要求包括明确需要、隐含需要和必须履行的需求或期望。明确需要一般是指在合同环境中，用户明确提出的需要或要求，通常是通过合同、标准、规范、图样、技术文件所做出的明确规定；隐含需要可以是顾客或社会对实体的期望，也可以是那些被人们所公认的不必另外作出规定的需要，如住宅应具有人们最起码的居住功能即属于隐含需要。需要是随时间、环境的变化而变化的，因此，应定期评定质量要求，修订规范，开发新产品，以满足变化的质量要求。

上述质量定义中所说的满足明确或隐含需要不仅是针对客户的，还应考虑到社会的需要，符合国家有关的法律、法规的要求。如投资商要在某流域建水电站，虽然这个项目能满足投资商和当地经济的需要，但该地区从流域总体规划上来考虑不允许发展，则这样的产品也就不能称为满足要求。

（二）工程质量

工程质量是指国家现行的法律、法规、技术标准、设计文件及工程合同中对工程的安全、使用、经济、美观等特性的综合要求。工程项目一般都是按照合同条件承包建设的，合同条件中对工程项目的功能、使用价值及设计、施工质量等的明确规定，都是业主的需要，因而都是质量的内容。由于工程项目是根据业主的要求而兴建的，不同的业主有不同的功能要求，所以，工程质量是相对于业主的需要而言的，并无固定和统一的标准。

工程质量包括狭义和广义两个方面的含义。狭义的工程质量指工程的实体质量（即施工质量）；广义的工程质量除指施工质量外，还包括工序质量和工作质量。

（1）施工质量。施工质量是指承建工程的使用价值，也就是施工工程的适用性。正确认识施工的工程质量至关重要。

（2）工序质量。工序质量也称生产过程质量，是指生产过程中影响工程质量的五大因素（人、施工机械、原材料、施工工艺和生产环境）对工程项目的综合作用过程。

（3）工作质量。工作质量是指参与工程的建设者，为了保证工程实体质量所从事工作的水平和完善程度。工作质量包括：社会工作质量，如社会调查、市场预测、质量回访和保修服务等；生产过程工作质量，如政治工作质量、管理工作质量、技术工作质量和后勤工作质量等。工作质量不像产品质量那样直观，一般难以定量，通常是通过工程质量的高低、不合格项目的多少、生产效率以及企业盈亏等经济效果来间接反映的。

施工质量、工序质量和工作质量，虽然含义不同，但三者是密切相关的。施工质量是施工活动的最终成果，它取决于工序质量；工作质量则是工序质量的基础和保证。所以工程质量的好坏是各个环节工作质量的综合反映，而不是单纯靠质量检验检查出来的。

（三）质量管理

质量管理是指"确定质量方针、目标和职责并在质量体系中通过质量策划、质量控制、质量保证和质量改进使其实施的全部管理职能的所有活动"。

建设工程项目是一种特殊产品，不管它是由谁来投资，它的拥有者、使用者是谁，它的质量水平高低、好坏都事关社会的公众利益和公共安全。工程质量管理主要包括下列几个阶段的质量管理。

1．决策阶段的质量管理

此阶段质量管理的主要内容是在广泛搜集资料、调查研究的基础上研究、分析、比较，决定项目的可行性和最佳方案。

2．施工阶段质量管理

（1）按施工阶段工程实体形成过程中物质形态的转化划分。可分为对投入的物质、资源质量的管理；施工及安装生产过程质量管理，即在使投入的物质资源转化为工程产品的过程中，对影响产品质量的各因素、各环节及中间产品的质量进行控制；对完成的工程产出品质量的控制与验收。前两项工作对于最终产品质量的形成具有决定性的作用，需要对影响工程项目质量的五大因素进行全面管理。其中包括施工有关人员因素、材料（包括半成品）因素、机械设备（永久性设备及施工设备）因素、施工方法（施工方案、方法及工艺）因素和环境因素。

（2）按工程项目施工层次结构划分。工程项目施工质量管理过程为工序质量管理、分项工程质量管理、分部工程质量管理、单位工程质量管理、单项工程质量管理。其中单位工程质量管理与单项工程质量管理包括建筑施工质量管理、安装施工质量管理与材料设备质量管理。

（3）按工程实体质量形成过程的时间阶段划分。工程项目施工质量过程控制分为事前控制、事中控制和事后控制。其中事前控制包括施工技术准备工作的质量控制、现场准备工作的质量控制和材料设备供应工作的质量控制。事中控制是对施工过程中进行的所有与施工过程有关各方面的质量控制，包括对施工过程中的中间产品（工序产品或分部、分项工程产品）的质量控制。事后控制是指对施工所完成的具有独立功能和使用价值的最终产品（单位工程或整个工程项目）以及有关方面（如质量文档）的质量进行控制。

因此施工阶段的质量管理可以理解成对所投入的资源和条件、生产过程各环节、所完成的工程产品，进行全过程质量检查与控制的一个系统过程。

3. 工程完成后的质量管理

按合同的要求进行竣工检验，检查未完成的工作和缺陷，及时解决质量问题。制作竣工图和竣工资料。维修期内负责相应的维修责任。

二、工程质量管理的特点

（一）工程项目的特点

工程质量的特点是由工程项目的特点决定的。工程项目具有以下特点：

（1）单件性。每个建筑项目都有专门的用途，按照业主的建设用途采用不同的造型、不同的结构、不同的施工方法，采用不同的材料、设备和建筑艺术形式，工程所在地点的自然和社会环境也不尽相同。所以说，没有两个完全一样的工程项目。

（2）一次性和长期性。任何工程项目的实施必须一次成功，它的质量必须在建设的一次过程中全部满足合同规定的要求。工程项目不同于制造业的产品，不合格产品可以报废，已经售出的还可以用退换货的方式补偿消费者的损失。工程质量不合格会长期影响生产及生活使用，甚至危及生命财产的安全。

（3）高投入性。任何一个工程项目在建设时，由于规模比较大，都需要投入大量的人力、物力和财力，同时，工程项目的建设周期也比较长，是一般的制造业所不可比拟的。

（4）管理的特殊性。工程项目的施工地点是固定的，施工项目是特定的，而施工人员是流动的。这区别于一般生产线上的产品，即产品是流动的而生产人员相对固定。这就决定了施工质量的保证必须在施工过程中监督管理。

（5）高风险性。工程项目的建设一般都是在露天的自然环境中进行的，因此，很容易受大自然的阻碍或损害。同时，由于工程项目的建设周期比较长，遭遇社会风险的机会也多，所以施工质量会受一定的影响。

（二）工程质量的特点

由于建筑工程项目施工涉及面广，是一个极其复杂的综合过程，再加上项目位置固定，生产流动，结构类型不一，质量要求不一，施工方法不一，体型大、整体性强，建设周期长，受自然条件影响大等特点，因此，工程项目的质量管理比一般工业产品的质量管理更难以实现，其主要特点表现在以下几个方面。

（1）影响质量的因素多。如设计、材料、机械、地形、地址、水文、气象、施工工艺、操作方法、技术措施、管理制度等，均直接影响施工项目的质量。

（2）容易产生质量变异。因工程项目施工不像工业产品生产，有固定的自动性和流水线，有规范化的生产工艺和完善的检测技术，有成套的生产设备和稳定的生产环境，有相同系列规格和相同功能的产品。同时，影响施工项目质量的偶然性因素和系统性因素又较多，因此，很容易产生质量变异。如材料性能微小的差异、机械设备正常磨损、操作微小的变化、环境微小的波动等，均会引起偶然性因素的质量变异。而使用材料的规格、品种有误，施工方法不妥，操作不按规程，机械故障，仪表失灵，设计计算错误等，则会引起系统性因素的质量变异，造成工程质量事故。为此，在施工中要严防出现系统性因素的质量变异，要把质量变异控制在偶然性因素范围内。

（3）容易产生第一、第二判断错误。施工项目工序交接多，中间产品多，隐蔽工程多，若不及时检查实质，事后再看表面，就容易产生第二判断错误，也就是说，容易将不合格的产品，认为是合格的产品；反之，若检查认真，测量仪表不准，读数有误，就会产生第一判断错误，也就是说，容易将合格产品认为是不合格的产品。对于这点，在进行质量检查验收时，应特别注意。

（4）终检局限性大。工程项目建成后，不可能像有些工业产品那样拆卸或解体来检查内在的质量，或重新更换零件；即使发现质量有问题，也不可能像工业产品那样实行"包换"或"退款"。

（5）质量受投资、进度的制约。施工项目的质量受投资、进度的制约较大，如一般情况下，投资大、进度慢，质量就好；反之，质量则差。因此，项目在施工中，还必须正确处理质量、投资、进度三者之间的关系，使其达到对立的统一。

三、质量管理体系

任何一个项目在实施时都需要管理。当管理与质量有关时，则为质量管理。质量管理是在质量方面指挥和控制组织的协调活动，通常包括制定质量方针、目标以及质量策划、质量控制、质量保证和质量改进等活动。而要实现质量管理的方针目标，有效地开展各项质量管理活动，就必须建立相应的管理体系，这个体系就叫质量管理体系，它可以有效地达到质量改进。

所以，质量管理体系是指"在质量方面指挥和控制组织的管理体系"。它根据企业特点选用若干体系要素加以组合，加强从设计研制、生产、检验、销售到使用全过程的质量管理活动，并予以制度化、标准化，成为企业内部质量控制的要求和活动程序，从而在质量方面帮助组织提供持续满足要求的产品，以满足顾客和其他相关方面的需求。

ISO 9000 是国际上通用的质量管理体系。ISO 9000 族标准是世界上许多经济发达国家质量管理实践经验的科学总结，具有通用性和指导性，实施 ISO 9000 族标准，可以促进组织质量管理体系的改进和完善，对促进国际经济贸易活动、消除贸易技术壁垒、提高组织的管理水平都能起到良好的作用。

第二节　质量策划与质量计划

一、质量策划

（一）质量策划的定义

项目质量管理的主要内容包括保证项目满足其目标所需要的过程，涵盖了在项目质量方面的指挥和控制活动，通常是指制定项目质量目标以及进行质量策划、质量控制、质量保证和质量改进。项目质量策划是项目管理的一部分，致力于制定质量目标并规定必要的运行工程和相关资源，以实现项目质量目标。美国著名质量专家朱兰博士提出的质量管理三部曲，将质量管理概括为质量策划、质量控制和质量改进三个阶段。在国际标准 ISO 9000：2000 中将质量策划定义为"质量管理的一部分，致力于设定质量目标并规定必要的运行过程和相关资源以实现其质量目标"。

质量策划的过程是首先制定质量方针，根据质量方针设定质量目标，根据质量目标确定工作内容（措施）、职责和权限，然后确定程序和要求，最后付诸实施。

不同的项目在进行质量策划时，其目的都是为了实现特定目标的质量目标，因此项目质量策划具体地说，就是根据项目内外部环境制定项目质量目标和计划，同时为了保证这些目标的实现，规定相关资源的配置。项目具体目标包括项目的性能性目标、可靠性目标、安全性目标、经济性目标、时间性目标和环境适应性目标等。

质量策划是质量管理的前期活动，是对整个质量管理活动的策划和准备。通常包括质量方针和质量目标的建立、质量策划、质量控制、质量保证和质量改进。显然，质量策划属于"指导"与质量有关的活动，也就是"指导"质量控制、质量保证和质量改进的活动。在质量管理中，质量策划的地位低于质量方针的建立，是设定质量目标的前提，高于质量控制、质量保证和质量改进。质量控制、质量保证和质量改进只有经过质量策划，才可能有明确的对象和目标，才可能有切实的措施和方法。因此，质量策划是质量管理诸多活动中不可或缺的中间环节，是连接质量方针（可能是"虚"的或"软"的质量管理活动）和具体的质量管理活动（常被看做是"实"的或"硬"的工作）之间的桥梁和纽带。

（二）质量策划的内容

质量策划的内容包括：

（1）设定质量目标。任何一种质量策划，都应根据其输入的质量方针或上一级质量目标的要求，以及顾客和其他相关方的需求和期望，来设定具体的质量目标。

（2）确定达到目标的途径。也就是说，确定达到目标所需要的过程。这些过程可能是链式的，从一个过程到另一个过程，最终直到目标的实现。也可能是并列的，各个过程的结果共同指向目标的实现。还可能是上述两种方式的结合，既有链式的过程，又有并列的过程。事实上，任何一个质量目标的实现，都需要多种过程。因此，在质量策划时，要充分考虑所需要的过程。

（3）确定相关的职责和权限。质量策划是对相关过程进行的一种事先的安排和部署，而任何过程必须由人员来完成。质量策划的难点和重点就是落实质量职责和权限。如果某一个过程所涉及的质量职能未能明确，没有文件给予具体规定（这种情况事实上是常见的），会出现推诿扯皮现象。

（4）确定所需的其他资源，包括人员、设施、材料、信息、经费、环境等。注意：并不是所有的质量策划都需要确定这些资源。只有那些新增的、特殊的、必不可少的资源，才需要纳入到质量策划中来。

（5）确定实现目标的方法和工具。这并不是说所有的质量策划都需要。一般情况下，具体的方法和工具可以由承担该项质量职能的部门或人员去选择。但如果某项质量职能或某个过程是一种新的工作，或者是一种需要改进的工作，那就需要确定其使用的方法和工具。

（6）确定其他的策划需求。包括质量目标和具体措施（也就是已确定的过程）完成的时间，检查或考核的方法，评价其业绩成果的指标，完成后的奖励方法，所需的文件和记录等。一般来说，完成时间是必不可少的，应当确定下来，而其他策划要求则可以根据具体情况来确定。

（三）质量策划的依据

1. 质量方针

质量方针就是"项目实施组织管理层就质量问题阐明的所有打算和努力方向"。它是一个工程项目组织内部的行为准则，是该组织成员的质量意识和质量追求，也体现了顾客的期望和对顾客做出的承诺。通常质量方针为制定质量目标提供框架。如果实施组织以前没有正式的质量方针，或者项目有多个组织参与（例如合资项目），则项目班子应为该项目单独提出一个质量方针。质量方针一旦确定和颁布，就对组织的每一个成员产生强有力的约束力，各成员都应理解、贯彻和执行。

2. 范围说明书

范围说明书主要规定了主要项目成果和项目的目标（即业主对项目的需求），是项目质量策划的关键依据。项目管理班子在确定项目质量目标时，需要全面考虑范围问题，包括项目功能、特征、性能、可靠性和安全性等。

3. 成果说明书

成果说明书一般包括技术说明和可能影响工程项目质量策划的其他问题的细节。它的详细程度应能保证以后工程项目计划的进行。

4. 标准和规范

指可能对该项目产生影响的任何应用领域的专用标准和规则。不同行业和领域都有相应的质量要求，项目管理进行质量策划时，应明确这些标准和规范对项目质量产生的重要影响。

5. 其他过程的结果

指其他领域所产生的可视为质量策划组成部分的结果，例如采购计划就可能会对承包商提供物品的质量要求作出规定。

（四）质量策划的过程

（1）收集资料。即明确和收集制定项目质量策划时所需的资料和数据。任何策划都不能凭空想象，必须建立在事实的基础上。这其中很重要的信息就是以往类似项目的质量策划资料以及在执行和处理现场情况总结的经验教训资料、数据对比资料、质量策划变更记录资料等，其他应掌握的资料还有项目质量班子现可以支配的资源、项目相关方已完成的工作、项目目前的状况、项目投资人对项目未来的期望等。

（2）了解项目实施组织或项目委托人的质量方针和项目的假设、前提与制约因素。项目质量策划要创造的成果在很大程度上取决于可供项目质量班子使用的资源。整个项目质量策划在制定总目标时应确定各相关职能和层次上的分质量目标，也就是应进行项目分质量策划，整个项目质量策划就是综合上述各分质量策划的结果。一般项目质量管理班子对项目质量进行策划时应考虑如下内容：

1）项目中所涉及的产品质量策划。包括对老产品的改进和新产品的开发进行筹划，确定产品的质量特性、质量目标和要求，规定相应的作业过程和相关资源以实现产品质量目标。

2）项目质量管理和作业策划。包括确定项目所涉及的质量管理体系的过程内容，明确作业内容，规定相应的管理过程和相关资源，达到控制要求，实现管理目标。

3）编制质量计划。为满足顾客的质量要求，项目质量班子要根据自身的条件开展一系列的筹划和组织活动，提出明确的质量目标和要求，制定相应的质量管理过程和资源的文件，包括质量责任、质量活动顺序等。

（3）学习和利用项目质量策划的方法、工具、技术、知识和经验。这些方法、工具、技术、知识和经验统称为"工具和技术"，如今在做项目质量策划时，必须精打细算，没有必要的工具和技术，单纯靠拍脑袋死想是行不通的。

（4）写出项目质量策划书和有关辅助文件。

二、质量计划

（一）质量计划的定义

施工项目质量计划是指确定施工项目的质量目标和如何达到这些质量目标所规定的必要的作业过程、专门的质量措施和资源等工作。它是质量策划的一项内容，在《质量管理体系基础和术语》（GB/T 19000—2000）中，质量计划的定义是"对特定的项目、产品、过程或合同，规定由谁及何时应使用哪些程序和相关资源的文件"。对工程建设行业而言，质量计划主要是针对特定的工程项目编制的规定专门的质量措施、资源和活动顺序的文件。其作用是：对外可作为针对特定工程项目的质量保证，对内可作为针对特定工程项目质量管理的依据。质量计划应当包括从资源投入到完成工程任务最终质量检验和试验的全过程控制。

我们可以通过以下几个方面去理解质量计划的含义：

（1）质量计划编制的对象是特定的产品、项目或合同。

（2）质量计划的内容，应规定专门的质量措施、资源和活动顺序。

（3）质量计划应与质量管理体系中其他过程的要求相一致，也就是质量计划的通用部分可直接引用手册、程序文件或作业指导书。

（4）质量计划应形成书面文件，它是质量体系文件的组成部分。

（5）质量计划通常是"质量策划"的一个结果，是针对特定对象的文件，是"确定质量以及采用质量体系要素的目标和要求的活动"。

（二）质量计划编制的依据

（1）工程承包合同、设计文件。

（2）施工企业的《质量手册》及相应的程序文件。

（3）施工操作规程及作业指导书。

（4）各专业工种施工质量验收规范。

（5）《建筑法》、《建设工程质量管理条例》、环境保护条例及法规。

（6）施工安全管理条例等。

（三）质量计划的编制要求

施工项目质量计划应由项目经理主持编制。质量计划作为对外质量保证和对内质量控制的依据文件，应体现施工项目从分项工程、分部工程到单位工程的过程控制，同时也要体现从资源投入到完成工程质量最终检验和验收的全过程控制。施工项目质量计划编制的要求主要包括以下几个方面。

1. 质量目标

合同范围内全部工程的所有使用功能符合设计（或更改）图纸要求。分项、分部、单位工程质量达到既定的施工质量验收统一标准，合格率100％。其中专项达到：

（1）所有隐蔽工程为业主质检部门验收合格。

（2）卫生间不渗漏，地下室、地面不出现渗漏，所有门窗不渗漏雨水。

（3）所有保温层、隔热层不出现冷热桥。

（4）所有高级装饰达到有关设计规定。

（5）所有的设备安装、调试符合有关验收规范。

（6）特殊工程的目标。

（7）工程交工后维修期为一年，其中屋面防水维修期三年。

2. 管理职责

项目经理是本工程实施的最高负责人，对工程符合设计、验收规范、标准要求负责，对各阶段、各工号按期交工负责。项目经理委托项目质量副经理（或技术负责人）负责本工程质量计划和质量文件的实施及日常质量管理工作；当有更改时，负责更改后的质量文件活动的控制和管理。

（1）对本工程的准备、施工、安装，较符合维修整个过程质量活动的控制、管理、监督、改进负责。

（2）对进场材料、机械设备的合格性负责。

（3）对分包工程质量的管理、监督、检查负责。

（4）对设计和合同有特殊要求的工程和部位负责组织有关人员、分包商和用户按规定实施，指定专人进行相互联络，解决相互间接口发生的问题。

（5）对施工图纸、技术资料、项目质量文件、记录的控制和管理负责。

3. 资源提供

规定项目经理部管理人员及操作工人的岗位任职标准及考核认定方法。规定项目人员流动时进出人员的管理程序。规定人员进场培训（包括供方队伍、临时工、新进场人员）的内容、考核、记录等。规定对新技术、新结构、新材料、新设备修订的操作方法和操作人员进行培训并记录等。规定施工所需的临时设施（含临建、办公设备、住宿房屋等）、支持性服务手段、施工设备及通信设备等。

4. 工程项目实施过程策划

规定施工组织设计或专项项目质量的编制要点及接口关系，规定重要施工过程的技术交底和质量策划要求，规定新技术、新材料、新结构、新设备的策划要求，规定重要过程验收的准则或技艺评定方法。

5. 材料、机械、设备、工具的采购要求

由企业自行采购的工程材料、工程机械设备、施工机械设备、工具等，质量计划规定包括：

（1）对供方产品标准及质量管理体系的要求。

（2）选择、评估、评价和控制供方的方法。

（3）必要时对供方质量计划的要求及引用的质量计划。

（4）采购的法规要求。

（5）有可追溯性（追溯所考虑对象的历史、应用情况或所处场所的能力）要求时，要明确追溯内容的形成及记录、标志的主要方法。

（6）需要的特殊质量保证证据。重要材料（水泥、钢材、构件等）即重要施工设备的运行必须有可追溯性。

6. 施工工艺过程的控制

对工程从合同签订到交付全过程的控制方法作出规定。对工程的总进度计划、进度计划、分包工程的进度计划、特殊部位进度计划、中间交付的进度计划等作出过程识别和管理规定。

规定工程实施全过程各阶段的控制方案、措施、方法及特别要求等。主要包括下列过程：①施工准备；②土石方工程施工；③基础和地下室施工；④主体工程施工；⑤设备安装；⑥装饰装修；⑦附属建筑物施工；⑧分包工程施工；⑨冬、雨季施工；⑩特殊工程施工；⑪交付。

7. 搬运、贮存、包装、成品保护和交付过程的控制

规定工程实施过程在形成的分项、分部、单位工程的半成品、成品保护方案、措施、交接方式等的内容，作为保护半成品、成品的准则。规定工程期间交付、竣工交付、工程收尾、维护、验评、后续工作处理的方案、措施，作为管理的控制方式。规定重要材料及工程设备的包装防护的方案及方法。

8. 安装和调试的过程控制

对于工程水、电、暖、电信、通风、机械设备等的安装、检测、调试、验评、交付、不合格处置等内容规定方案、措施、方式。由于这些工作同土建施工交叉配合较多，因此对于交叉接口程序、验证哪些特性、交接验收、检测、试验设备要求、特殊要求等内容要做明确规定，以便各方面实施时遵循。

9. 检验、试验和测量的过程控制

规定材料、构件、施工条件、结构形式在什么条件、什么时间必须进行检验、试验、复验，以验证是否符合质量和设计要求，如钢材进场必须进行型号、钢种、炉号、批量等

内容的检验,不清楚时要进行取样检验或复验。

规定施工现场必须设立实验室(员),配置相应的试验设备,完善试验条件,规定试验人员资格和实验内容;对于特定要求要规定试验程序及对程序过程进行控制的措施。

规定要在本工程项目上使用所有的检验、试验、测量和计量设备的控制和管理制度,包括:①设备的标识方法;②设备校准的方法;③标明、记录设备准状态的方法;④明确哪些记录需要保存,以便一旦发现设备失准时,便确定以前的测试结果是否有效。

当企业和现场条件不能满足所需各项试验要求时,要规定委托上级试验或外单位试验的方案和措施。当有合同要求的专业试验时,应规定有关的试验方案和措施。

对于需要进行状态检验和试验的内容,必须规定每个检验试验点所需检验、试验的特性、所采用程序、验收准则、必需的专用工具、技术人员的资格、标识方式、记录等要求。例如结构的荷载试验等。

10. 不合格品的控制

要编制工种、分项、分部工程不合格产品出现的方案、措施,以及防止与合格品之间发生混淆的标识和隔离措施。规定哪些范围不允许出现不合格;明确一旦出现不合格哪些允许修补返工,哪些必须推倒重来,哪些必须局部更改设计或降级处理。

编制控制质量事故发生的措施及一旦发生后的处置措施。

规定当分项分部和单位工程不符合设计图纸(更改)和规范要求时,项目和企业各方面对这种情况的处理有如下职权:

(1) 质量监督检查部门有权提出返工修补处理、降级处理或作不合格品处理。

(2) 质量监督检查部门以图纸(更改)、技术资料、检测记录为依据用书面形式向以下各方发出通知:当分项分部工程不合格时通知项目质量副经理和生产副经理;当分项工程不合格时通知项目经理;当单位工程不合格时通知项目经理和公司生产经理。

对于上述接受返工修补处理、降级处理或不合格的处理,接受通知方有权接受和拒绝这些要求;当通知方和接受通知方意见不能调解时,则由上级质量监督检查部门、公司质量主管负责人乃至经理裁决;若仍不能解决时申请由当地政府质量监督部门裁决。

(四) 施工项目质量计划的编写内容

施工项目的质量计划是指确定施工项目的质量目标和如何达到这些质量目标所规定的必要的作业过程、专门的质量措施和资源等工作。

施工项目质量计划主要包括以下内容:

(1) 编制依据。

(2) 项目概述。

(3) 质量目标和要求。

(4) 质量管理组织和职责。

(5) 质量控制及管理组织协调的系统描述。

(6) 必要的质量控制手段,施工过程、服务、检验和试验程序及与其相关的支持性文件。

(7) 确定关键过程和特殊过程及作业指导书。

(8) 与施工阶段相适应的检验、试验、测量、验证要求。

（9）更改和完善质量计划的程序。

第三节 施工阶段质量控制

一、质量控制的概念

工程项目的质量控制是指为了保证达到工程合同、设计文件、技术规范规定的质量标准而采取的一系列措施、手段和方法。

建筑工程项目质量控制按其实施者不同，包括三个方面：①业主方面的质量控制；②政府方面的质量控制；③承包商方面的质量控制。这里所说的质量控制主要指承包商方面内部的、自身的控制。在建筑工程施工阶段，承包商应在监理工程师的监督、检查下，对工程质量进行全过程、全方位的管理和控制，不仅要控制最终产品质量，而且要严格控制施工过程中的各个环节及中间产品的质量。

一个优质的建设工程，是实施严格且科学的质量管理的结果。一般来说它是通过施工前期的质量管理和施工阶段的质量管理来实现的，现场质量管理是施工过程中质量管理的重要组成部分。因此，切实抓好现场质量管理是创造优良工程的关键。在现场质量管理中，施工阶段质量监控管理是现场质量管理的重要环节，实践证明重视和抓好这一环节，能促使工程质量收到较好的效果。

施工企业必须坚持质量第一的原则，坚持以人为控制核心，坚持预防为主，坚持质量标准，为社会提供更多的优质、安全、适用、经济、美观的复合型产品。近年来，国家已明确把建筑工程优良率作为考核建筑施工企业的一项重要指标，要求施工企业在施工过程中加强施工质量控制，推行全面质量管理，提高工程质量。建筑工程项目的质量控制在项目管理中占有特别重要的地位。确保工程项目的质量，是工程技术人员和项目管理人员的重要使命。施工企业在工程施工全过程的控制中，只有在符合规定的质量标准和用户要求的前提下，满足质量、工期、成本等要求，才可能获得最佳的经济效益。

二、质量控制的依据及方法

施工阶段质量控制的依据，根据其适用的范围及性质，大致可分为以下两大类。

（一）质量管理与控制的共同依据

主要指适用于工程项目施工阶段与质量控制通用的，具有普遍指导意义和必须遵守的基本文件。包括：

（1）工程承包合同文件。工程施工承包合同文件和监理合同中，分别规定了参与建设的各方在质量控制方面的权利和义务的条款，有关各方必须履行在合同中的承诺。

（2）设计文件。按图施工是施工阶段质量控制的一项重要原则，因此，经过批准的设计图纸和技术说明等设计文件，无疑是质量控制的重要依据。

（3）国家及政府有关部门颁布的有关质量管理方面的法律、法规文件。如《建筑工程质量监督条例》、《建筑工程质量检测工作规定》、《质量管理和质量保证》、《建设工程质量管理办法》等，这些文件分别适用于全国本行业或地区的工程建设质量管理，是质量控制应当遵循的具有通用性的重要依据。

（二）有关质量检验与控制的专门技术法规性文件

属于这类专门的技术法规性的依据主要有以下四类：

（1）工程项目施工质量验收标准，《建筑工程施工质量验收统一标准》（GB 50300—2001）以及其他行业工程项目的质量验收标准。

（2）有关工程材料、半成品和构配件质量控制方面的专门技术法规性依据，包括：

1）有关工程材料及其制品质量的技术标准。

2）有关材料或半成品等的取样、试验等方面的技术标准或规程等。

3）有关材料验收、包装、标识及其质量证明书的一般规定等。

（3）控制施工作业活动质量的技术规程。

（4）凡采用新工艺、新技术、新材料的工程，事先应先进行试验，并应有权威性技术部门的技术鉴定书及有关的质量数据、指标，在此基础上制定有关的质量标准和施工工艺规程，以此作为判断与控制质量的依据。

建筑工程施工项目质量控制的方法，主要是审核有关技术文件、报告和直接进行现场检查或必要的试验等。对技术文件、报告、报表的审核，是工程管理人员对工程质量进行全面控制的重要手段，其具体内容有：

1）审核有关技术资质证明文件。

2）审核施工方案、施工组织设计和技术措施。

3）审核有关材料、半成品的质量检验报告。

4）审核反映工序质量动态的统计资料或控制图表。

5）审核设计变更、修改图纸和技术核定书。

6）审核有关质量问题的处理报告。

7）审核有关应用新工艺、新材料、新技术、新结构的技术鉴定书。

8）审核有关工序交接检查，分项、分部工程质量检查报告。

9）审核并签署现场有关技术签证、文件等。

（三）现场质量检查的程序

（1）开工前检查。目的是检查是否具备开工条件，开工后能否连续正常施工，能否保证工程质量。

（2）工序交接检查。对于重要的工序或对工程质量有重大影响的工序，在自检、互检的基础上，还要组织专职人员进行工序交接检查。

（3）隐蔽工程检查。隐蔽工程经检查合格后办理隐蔽工程验收手续，如果隐蔽工程未达到验收条件，施工单位应采取措施进行返修，合格后通知现场监理、甲方检查验收，未经检查验收的隐蔽工程一律不得自行隐蔽。

（4）停工后复工前的检查。因处理质量问题或某种原因停工后需复工时，亦应经检查认可后方能复工。

（5）分项、分部工程完工后检查。分项、分部工程完工后，应经现场监理、甲方检查认可，签署验收记录后，才能进行下一个工程项目施工。

（6）成品保护检查。检查成品有无保护措施或保护措施是否可靠。

此外，现场工程管理人员必须经常深入现场，对施工操作质量进行巡视检查。必要时，还应进行跟班或追踪检查。只有这样才能及时发现问题、解决问题。

（四）现场进行质量检查的方法

现场进行质量检查的方法有目测法、实测法和试验法三种。

（1）目测法。其手段可归纳为看、摸、敲、照四个字。

1）看，就是根据质量标准进行外观目测。如清水墙面是否洁净，弹涂是否均匀，内墙抹灰大面及口角是否平直，混凝土拆模后是否有蜂窝、麻面、漏筋现象，施工顺序是否合理，工人操作是否正确等，均是通过目测检查、评价。

2）摸，就是手感检查，主要用于装饰工程的某些检查项目，如大白是否掉粉，地面有无起砂等，均可通过手摸加以鉴别。

3）敲，是运用工具进行音感检查。对地面工程、装饰工程中的水磨石、面砖和大理石贴面等，均应进行敲击检查，通过声音的虚实确定有无空鼓，还可根据声音的清脆和沉闷，判定属于面层空鼓或底层空鼓。

4）照，对于难以看到或光线较暗的部位，则可采用镜子反射或灯光照射的方法进行检查。

（2）实测法。就是通过实测数据与施工规范及质量标准所规定的允许偏差对照，来判别质量是否合格。

（3）试验法。指必须通过试验手段，才能对质量进行判断的检查方法。如对桩或地基的静载试验，确定其承载力；对混凝土、砂浆试块的抗压强度进行试验，确定其强度是否满足设计要求；对钢筋对焊接头进行拉力试验，检验焊接的质量等。

三、施工阶段质量控制的工作内容

建筑工程项目施工质量控制的关键是施工阶段的质量控制，施工阶段是使业主及工程设计意图最终实现并形成工程实物的阶段，也是最终形成实物质量的系统过程。所以施工阶段的质量控制也是一个经由对投入的资源和条件的质量控制（事前控制）进而对生产过程及各环节质量进行控制（事中控制），直到对所完成的工程产出品的质量检验与控制（事后控制）为止的全过程的系统控制过程。这个过程根据三阶段控制原理划分为三个环节，即事前控制、事中控制、事后控制。

（一）事前控制

指施工准备控制，即在各工程对象正式施工前，对各项准备工作及影响质量的各因素进行控制，这是确保施工质量的先决条件。施工阶段事前控制主要有以下几个方面的内容。

1. 施工技术准备工作的质量控制

（1）组织施工图纸审核及技术交底。

（2）核实资料。核实和补充现场调查及收集的技术资料，应确保可靠性、准确性和完整性。

（3）审查施工组织设计或施工方案。重点审查施工方法与施工机械选择、施工顺序、进度安排及平面布置等是否能保证组织连续施工，审查所采取的质量保证措施。

（4）建立保证工程质量的必要试验设施。

2. 现场准备工作的质量控制

(1) 场地平整度和压实程度是否满足施工质量要求。

(2) 测量数据及水准点的埋设是否满足施工要求。

(3) 施工道路的布置及路况质量是否满足运输要求。

(4) 水、电、热及通信等的供应质量是否满足施工要求。

3. 材料设备供应工作的质量控制

(1) 材料设备供应程序与供应方式是否能保证施工顺利进行。

(2) 所供应的材料设备的质量是否符合国家有关法规、标准及合同规定的质量要求。

(二) 事中控制

即对施工过程中进行的与施工有关方面的质量控制，也包括对施工过程中的中间产品（工序产品或分部、分项工程产品）的质量控制。

事中控制的策略是全面控制施工过程，重点控制工序质量。其具体措施包括：工序交接有检查，质量预控有对策，施工项目有方案，技术措施有交底，图纸会审有记录，配置材料有试验，隐蔽工程有验收，计量器具校正有复核，设计变更有手续，钢筋代换有制度，质量处理有复查，成品保护有措施，行使质控有否决和质量文件有档案。

(三) 事后控制

是指对施工过程中完成的具有独立功能和使用功能的最终产品（单位工程或整个建设项目）及其有关方面（例如质量文档）的质量进行控制。其具体工作内容有：

(1) 组织联动试车。

(2) 准备竣工验收资料，组织自检和初步验收。

(3) 组织竣工验收。其标准是：

1) 按设计文件规定的内容和合同规定的内容完成施工，质量达到国家质量标准，能满足生产和使用的要求。

2) 主要生产工艺设备已安装配套，联动负荷试车合格，形成设计生产能力。

3) 交工验收的建筑物要窗明、地净、水通、灯亮、气来，采暖通风设备运转正常。

4) 交工验收的工程内净外洁，施工中的残余物料运离现场，灰坑填平，临时构筑物拆除，2m 以内地坪整洁。

5) 技术档案资料齐全。

四、4M1E 的质量控制

建筑工程项目的质量控制是一个由投入物质量控制到施工过程质量控制再到产出物质量控制的全过程、全系统的控制过程。由于施工也是一种物质生产活动，因此在全过程系统控制过程中，应对影响工程项目实体质量的五大要素实施全面控制。五大要素是指：人（Man）、材料（Material）、机械（Machine）、方法（Method）、环境（Environment），简称 4M1E 质量因素，其具体构成如图 3-1 所示。

(一) 人的控制

人是指直接参与施工的组织者、指挥者和操作者，是生产活动的主体，是工程质量形成的主体，对工程质量的形成负有全部责任。在施工过程中要充分调动人的积极性，发挥人的主导作用，除了加强政治思想教育、劳动纪律教育、职业道德教育、专业技术培训，健全岗位责任制，改善劳动条件，公平合理地激励劳动热情以外，还应根据工程特点，通过建立健全质量管理体系和组织体系，结合施工组织设计的编制，将质量目标层层分解落实到岗位和个人，使每个人都了解完成本职工作的质量要求和具体标准方法。在过程控制中建立质量控制点，组织好检验，形成人人重视工程质量的氛围。

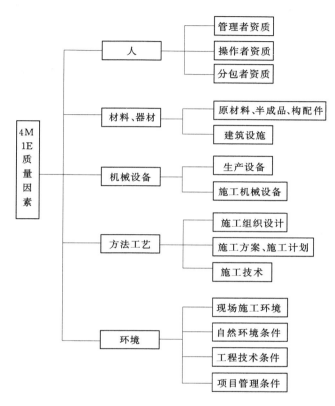

图 3-1　4M1E 质量因素构成

（二）材料的控制

材料（包括原材料、成品、半成品、构配件）是工程施工的物质条件，材料质量是工程质量的基础，材料质量不符合要求，工程质量也就不可能符合标准。所以加强材料的质量控制，是提高工程质量的重要保证。对于原材料、成品半成品、购配件必须经监理工程师检验认可后才能进场，遵循以质量标准和及时检验的控制原则。常见的检验方法有：资料检查，要求具有有关技术文件和质量保证资料；外观检查，对样品品种规格标志、外形几何尺寸等方面进行直观检查；理化检验，对有关单位样品取样进行化学成分、机械性能等客观检查。一般来说，对主要材料如钢材、水泥、砖、焊条等结构材料，使用正规生产厂家有出厂证明或检验单的材料并做必要的抽样检验，经检验合格后，方可使用，在检验过程中一旦发现有质量问题，立即停用并采取补救措施。

（三）施工机械的控制

施工阶段必须综合考虑施工现场条件、建筑结构形式、施工工艺和方法、建筑技术经济等合理选择机械的类型和性能参数，合理使用机械设备，正确地操作。操作人员必须认真执行各项规章制度，严格遵守操作规程，并加强对施工机械的维修、保养、管理。

（四）施工方法的控制

施工过程中的方法包含整个建设周期内所采取的技术方案、工艺流程、组织措施、检测手段、施工组织设计等。工程施工中，施工方案是否合理，施工工艺是否先进，施工操作是否正确，都将对工程质量产生重大的影响，直接影响工程质量控制能否顺利实现。往往由于施工方案考虑不周而拖延进度，影响质量，增加投资。为此，制定和审核施工方案时，必须结合工程实际，从技术、管理、工艺、组织、操作、经济等方面进行全面分析、综合考虑，力求方案技术可行、经济合理、工艺先进、措施得力、操作方便，有利于提高质量、加快进度、降低成本。在中小型建筑工程的施工中，选择正确的施工方案，不但有利于保证工程的质量，而且对加快进度、降低费用也十分有利。

（五）环境的控制

环境条件是指对工程质量特性起重要作用的环境因素，包括工程技术环境、工程作业环境、工程管理环境、周边环境等。环境条件往往对工程质量产生特定的影响。如气象条件就变化万千，温度、湿度、大风、暴雨、酷暑、严寒都直接影响工程质量。又如前一工序往往就是后一工序的环境，前一分项、分部工程也就是后一分项、分部工程的环境。

因此，根据工程特点和现场的实际情况，研究合理的方案，加强环境管理，改进作业条件，把握好技术环境，辅以必要的措施，对影响质量的环境因素，采取有效的措施严加控制，创造良好的施工秩序和施工环境。

五、工序质量的控制

建筑工程项目的施工过程，是由一系列相互关联、相互制约的工序构成的。工序质量是基础，直接影响工程项目的整体质量，要控制建筑工程项目施工过程的质量，首先必须控制工序的质量。

工序质量是指施工中人、材料、机械、工艺方法和环境等对产品综合起作用的过程的质量，又称过程质量，它体现为产品质量。

工序质量包含两方面的内容：①工序活动条件的质量；②工序活动效果的质量。从管理的角度来看，这两者是互为关联的，一方面要管理工序活动条件的质量，即每道工序投入品的质量（即人、材料、机械、方法和环境的质量）是否符合要求；另一方面又要管理工序活动效果的质量，即每道工序施工完成的工程产品是否达到有关质量标准。

工序质量的控制，就是对工序活动条件的质量管理和工序活动效果的质量管理，据此来达到整个施工过程的质量管理。在进行工序质量时要着重于以下几个方面的工作：

（1）确定工序质量控制工作计划。一方面要求对不同的工序活动制定专门的保证质量的技术措施，作出物料投入及活动顺序的专门规定；另一方面须规定质量控制工作流程、质量检验制度等。

（2）主动控制工序活动条件的质量。工序活动条件主要指影响质量的五大因素，即人、材料、机械设备、工艺方法和环境。

（3）及时检验工序活动效果的质量。主要是实行班组自检、互检、上下道工序交接检，特别是对隐蔽工程和分项（部）工程的质量检验。

（4）设置工序质量控制点（工序管理点）。实行重点控制。工序质量控制点是针对影响质量的关键部位或薄弱环节而确定的重点控制对象。正确设置控制点并严格实施是进行工序质量控制的重点。

工序质量控制主要包括两方面的控制，即对工序活动条件的控制和对工序活动效果的控制，如图 3-2 所示。

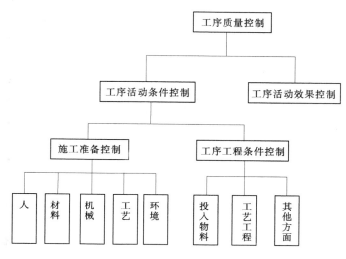

图 3-2 施工工序质量控制内容

1. 工序活动条件的控制

工序活动条件是指从事工序活动的各种生产要素及生产环境条件。控制方法可以采取检查、测试、试验、跟踪监督等方法。控制依据是要坚持设计质量标准、材料质量标准、机械设备技术性能标准、操作规程等。控制方式是对工序准备的各种生产要素及环境条件宜采用事前质量控制的模式（即预控）。

工序活动条件的控制包括以下两个方面：

（1）施工准备方面的控制。即在工序施工前，应对影响工序质量的因素或条件进行监控。要控制的内容一般包括：人的因素，如施工操作者和有关人员是否符合上岗要求；材料因素，如材料质量是否符合标准，能否使用；施工机械设备的条件，如其规格、性能、数量能否满足要求，质量有无保证；采用的施工方法及工艺是否恰当，产品质量有无保证；施工的环境条件是否良好等。这些因素或条件应当符合规定的要求或保持良好状态。

（2）施工过程中对工序活动条件的控制。对影响工序产品质量的各因素的控制不仅体现在开工前的施工准备中，而且还应当贯穿于整个施工过程中，包括各工序、各工种的质量保证与强制活动。在施工过程中，工序活动是在经过审查认可的施工准备的条件下展开的，要注意各因素或条件的变化，如果发现某种因素或条件向不利于工序质量方面变化，应及时予以控制或纠正。

在各种因素中，投入施工的物料如材料、半成品等，以及施工操作或工艺是最活跃和易变化的因素，应予以特别的监督与控制，使它们的质量始终处于控制之中，符合标准及要求。

2. 工序活动效果的控制

工序活动效果主要反映在工序产品的质量特征和特性指标方面。对工序活动效果的控制就是控制工序产品的质量特征和特性指标是否达到设计要求和施工验收标准。工序活动效果的质量控制一般属于事后质量控制，其控制的基本步骤包括实测、分析、判断、认可或纠正。

（1）实测。即采用必要的检测手段，对抽取的样品进行检验，测定其质量特性指标（例如混凝土的抗压强度）。

（2）分析。即对检测所得的数据进行整理、分析，并找出规律。

（3）判断。根据对数据分析的结果，判断该工序产品是否达到了规定的质量标准，如未达到，应找出原因。

（4）纠正或认可。如发现质量不符合规定标准，应采取措施纠正，如质量符合要求则予以确认。

第四节 施工质量事故分析处理

随着我国国民经济的不断发展，我国基本建设规模日益扩大，建筑业迎来了蓬勃发展的大好时机，各类大量建造的建筑物如雨后春笋拔地而起，这既是国富民强的体现，也是人民安居乐业的保证。随着社会的不断发展，人们对建筑工程的质量提出了更高的要求，而建筑工程中经常发生的质量事故，不仅严重危害了建筑工程的质量，阻碍了工程质量的进一步提高，而且对国家和人民的生命财产造成了巨大的损失。

为了确保工程质量，清除影响工程质量的因素，最大程度地减少工程质量事故的发生，我们必须掌握预防、诊断工程质量事故的一些基本规律和方法，以便对出现的质量事故进行及时地分析与处理。

一、工程质量事故及其分类

（一）工程质量事故的概念

工程质量事故是指在工程建设过程中或交付使用后，由于建设管理、监理、勘测、设计、咨询、施工、材料、设备等原因造成工程质量不符合规程规范和合同规定的质量标准，影响使用寿命和对工程安全运行造成隐患和危害的事件。

工程质量事故具有复杂性、严重性、可变性和多发性的特点。

（1）复杂性。影响工程质量的因素繁多，造成质量事故的原因错综复杂，即使是同一类质量事故，而原因却可能多种多样、截然不同。例如：建筑物的倒塌，可能是未认真进行地质勘察，地基的容许承载力与持力层不符；也可能是未处理好不均匀地基，产生过大的不均匀沉降；或是盲目套用图纸，结构方案不正确，计算简图与实际受力不符；或是荷载取值过小，内力分析有误，结构的刚度、强度、稳定性差。这就使得对质量事故进行分析，判断其性质、原因及发展，确定处理方案与措施等都增加了复杂性及困难。

（2）严重性。工程项目一旦出现质量事故，其影响较大。轻者影响施工顺利进行、拖延工期、增加工程费用，重者则会留下隐患使之成为危险的建筑，影响使用功能或不能使用，更严重的还会引起建筑物的失稳、倒塌，造成人民生命、财产的巨大损失。所以对于建设工程质量问题和质量事故均不能掉以轻心，必须予以高度重视。

（3）可变性。许多工程的质量问题出现后，其质量状态并非稳定于发现的初始状态，而是有可能随着时间而不断地发展、变化。所以，在分析、处理工程质量问题时，一定要注意质量问题的可变性，应及时采取可靠的措施，防止其进一步恶化而发生质量事故；或加强观测与试验，取得数据，预测未来发展的趋势。

（4）多发性。建设工程中的有些质量事故，就像"常见病"、"多发病"一样经常发生，而成为质量通病，如屋面、卫生间漏水，抹灰层开裂、脱落，地面起砂、空鼓，排水管道堵塞，预制构件裂缝等。另有一些同类型的质量问题，往往一再重复发生，如雨篷的倾覆，悬挑梁、板的断裂，混凝土强度不足等。因此，吸取多发性事故的教训，认真总结经验，是避免事故重演的有效措施。

（二）工程质量事故的分类

工程质量事故有多种分类方法，具体见表3-1。

二、工程质量事故原因分析

尽管工程质量事故的表现形式是各种各样的，例如建筑结构的变形、倒塌、倾斜、断裂、渗水、漏水、刚度差、强度降低等，但是事故发生的原因和发展的规律却有许多相同之处，认识质量事故发生的原因、共性，了解质量事故发展的规律、特点，是防止质量事故的理论基础，也是防止质量事故的有效保证。

表3-1　　　　　　　　　　　　　工程质量事故的分类

序号	分类方法	事故类别	内 容 及 说 明
1	按事故的性质及严重程度	一般事故	通常指经济损失在5000～10万元额度内的质量事故
		重大事故	凡是有下列情况之一者，可列为重大事故： （1）建筑物、构筑物或其他主要结构倒塌； （2）超过规范规定或设计要求的基础严重不均匀沉降，建筑物倾斜，结构开裂或主体结构强度严重不足，影响结构物的寿命，造成不可补救的永久性质量缺陷或事故； （3）影响建筑设备极其相应系统的使用功能，造成永久性质量缺陷； （4）经济损失在10万元以上的
2	按事故造成的后果	未遂事故	发现了质量问题，经及时采取措施，未造成经济损失，延误工期或其他不良后果者，属未遂事故
		已遂事故	凡出现不符合质量标准或设计要求，造成经济损失、工期延误或其他不良后果者，均构成已遂事故
3	按事故责任	指导责任事故	指由于工程实施指导或领导失误造成的质量事故
		操作责任事故	指在施工过程中，由于实施操作者不按规程或标准实施操作而造成的质量事故

续表

序号	分类方法	事故类别	内 容 及 说 明
4	按质量事故产生的原因	技术原因引发的质量事故	指在工程项目实施中由于设计、施工技术上的失误而造成的质量事故。主要包括： （1）结构设计计算错误； （2）地质情况估计错误； （3）盲目采用技术上未成熟、实际应用中未得到充分的实践检验证实其可靠的新技术； （4）采用了不适宜的施工方法或工艺
		管理原因引发的质量事故	主要是指由于管理上的不完善或失误而引发的质量事故。主要包括： （1）施工单位或监理单位的质量体系不完善； （2）检验制度的不严密，质量控制不严格； （3）质量管理措施落实不力； （4）检测仪器设备管理不善而失准； （5）进料检验不严格
		社会经济原因引发的质量事故	主要指由于社会、经济因素及社会上存在的弊端和不正之风引起建设中的错误行为，而导致出现的质量事故

产生工程质量事故的原因是各种各样的，究其原因，可归纳为以下几个方面：

（1）不按基建程序建设。如没有详细周全的可行性论证就仓促决策；没有搞清工程地质、水文地质就仓促开工；无证设计；无图施工；任意更改设计，不按图纸施工；工程竣工不经试运转、不经验收就交付使用，致使不少工程项目留下大量工程质量隐患。

（2）设计错误。如结构方案不正确，计算简图与实际受力不符，计算荷载取值过小，内力分析有误，沉降缝或伸缩缝设置不当都是诱发质量事故的隐患。

（3）工程地质勘察原因。没有经过认真的地质勘察，地质勘察报告不详细、不准确，数据有误；地质勘察时，钻孔间距太大或深度不够，不能全面反映地基的实际情况，导致设计和施工采用了不正确的基础方案，造成地基不均匀沉降、失稳，使建筑物开裂、破坏或倒塌。

（4）建筑材料与设备、制品不合格。如水泥受潮、初凝时间过短、安定性不良、砂石级配不合理、混凝土配合比不准，均会影响混凝土的强度、和易性、耐久性，导致混凝土结构强度降低、产生裂缝、渗漏、蜂窝、冷缝等质量问题；预制构件断面尺寸与设计不符，钢筋直径有误，必然会导致出现断裂、垮塌。

（5）施工和管理问题。许多工程质量事故都是由于施工和管理不当造成的。如：

1）不熟悉图纸，盲目施工；未经设计部门、监理单位同意，擅自修改设计。

2）不按图纸施工。如把简支梁做成连续梁，用光面钢筋代替变形钢筋，致使结构产生裂缝破坏。

3）不按有关施工验收规范施工。如现浇混凝土结构不按规定的位置和方法任意设施工缝；不按规定的时间和强度拆除模板。

4）不按有关操作规程施工。如混凝土的振捣不彻底，密实度不够，使水和潮湿空气侵蚀钢筋，引起钢筋锈蚀膨胀，将混凝土爆裂。

5）**缺乏基本结构知识，施工蛮干**。如将混凝土预制梁倒置安装，施工中在楼面超载堆放构件和材料等都将给质量造成严重的后果。

6）**施工管理混乱**，施工方案考虑不周，施工顺序错误；技术组织措施不当，技术交底不清，违章作业；不重视质量检查和验收工作等也是导致质量事故发生的根源。

（6）**自然条件影响**。施工项目建设周期长，大多是露天作业，季节、温度、湿度、日照、雷电、暴雨等都可能造成重大的质量事故。

（7）**建筑物使用不当**。如不经校核和验算就在原有建筑物上任意加层，使用荷载超过设计荷载，任意开槽、打洞、削弱承重结构的截面等，也会引起质量事故。

三、工程质量事故分析处理程序及方法

（一）工程质量事故处理的依据

进行工程质量事故处理的主要依据有四个方面：质量事故的实况资料；具有法律效力的、得到有关当事各方认可的工程承包合同、设计委托合同、材料或设备购销合同以及监理合同或分包合同等合同文件；有关的技术文件、档案和相关的建设法规。现将这四方面依据详述如下。

1. 质量事故的实况资料

要搞清质量事故的原因和确定处理对策，首要的是掌握质量事故的实际情况。有关质量事故实况的资料主要可来自以下几个方面。

（1）施工单位的质量事故调查报告。质量事故发生后，施工单位有责任就所发生的质量事故进行周密的调查、研究掌握情况，并在此基础上写出调查报告，提交监理工程师和业主。在调查报告中首先就与质量事故有关的实际情况作详尽的说明，其内容应包括：

1）质量事故发生的时间、地点。

2）质量事故状况的描述。

3）质量事故发展变化的情况。

4）有关质量事故的观测记录、事故现场状态的照片或录像。

（2）监理单位调查研究所获得的第一手资料。其内容大致与施工单位调查报告中有关内容相似，可用来与施工单位所提供的情况对照、核实。

2. 有关合同及合同文件

（1）所涉及的合同文件有：①工程承包合同；②设计委托合同；③设备与器材购销合同；④监理合同等。

（2）有关合同和合同文件在处理质量事故中的作用是：确定在施工过程中有关各方是否按照合同有关条款实施其活动，借以探寻产生事故的可能原因。

3. 有关的技术文件和档案

（1）有关的设计文件。如施工图纸和技术说明等，它是施工的重要依据。在处理质量事故中，其作用一方面可以对照设计文件，核查施工质量是否完全符合设计的规定和要求；另一方面可以根据所发生的质量事故情况，核查设计中是否存在问题或缺陷，成为导致质量事故的原因。

（2）与施工有关的技术文件、档案和资料。属于这类文件、档案的有：

1）施工组织设计或施工方案、施工计划。

2）施工记录、施工日志等。

3）有关建筑材料的质量证明资料。

4）现场制备材料的质量证明资料。

5）质量事故发生后，对事故状况的观测记录、试验记录或试验报告等。

6）其他有关资料。

上述各类技术资料对于分析质量事故原因，判断其发展变化趋势，推断事故影响及严重程度，考虑处理措施等都是不可缺少的，起着重要的作用。

4．相关的建设法规

1998年3月1日《中华人民共和国建筑法》（以下简称《建筑法》）颁布实施，对加强建筑活动的监督管理，维护市场秩序，保证建设工程质量提供了法律保障。与工程质量及质量事故处理有关的有以下五类。

（1）勘察、设计、施工、监理等单位资质管理方面的法规。《建筑法》明确规定"国家对从事建筑活动的单位实行资质审查制度"。《建设工程勘察设计企业资质管理规定》、《建筑业企业资质管理规定》和《工程监理企业资质管理规定》等。这类法规主要内容涉及：勘察、设计、施工和监理等单位的等级划分；明确各级企业应具备的条件；确定各级企业所能承担的任务范围；以及其等级评定的申请、审查、批准、升降管理等方面。

（2）从业者资格管理方面的法规。如《中华人民共和国注册建筑师条例》、《注册结构工程师执业资格制度暂行规定》和《监理工程师考试和注册试行办法》等。这类法规主要涉及建筑活动的从业者应具有相应的执业资格；注册等级划分；考试和注册办法；执业范围；权利、义务及管理等。

（3）建筑市场方面的法规。如《中华人民共和国合同法》（以下简称《合同法》）和《中华人民共和国招标投标法》（以下简称《招标投标法》），这类法律、法规、文件主要是为了维护建筑市场的正常秩序和良好环境，充分发挥竞争机制，保证工程项目质量，提高建设水平。例如《招标投标法》明确规定"投标人不得以低于成本的报价竞标"，就是防止恶性杀价竞争，导致偷工减料引起工程质量事故。《合同法》明确规定"禁止承包人将工程分包给不具备相应资质条件的单位，禁止分包单位将其承包的工程再分包。建设工程主体结构的施工必须由承包人自行完成"。对违反者处以罚款，没收非法所得直至吊销资质证书，这均是为了保证工程施工的质量，防止因操作人员素质低造成质量事故。

（4）建筑施工方面的法规。以《建筑法》为基础，国务院于2000年颁布了《建筑工程勘察设计管理条例》和《建设工程质量管理条例》。建设部于1989年发布《工程建设重大事故报告和调查程序的规定》于1991年发布《建筑安全生产监督管理规定》和《建设工程施工现场管理规定》；于1995年发布《建筑装饰装修管理规定》，于2000年发布《房屋建筑工程质量保修办法》以及《关于建设工程质量监督机构深化改革的指导意见》、《建设工程质量监督机构监督工作指南》和《建设工程监理规范》等法规和文件，主要涉及施工技术管理、建设工程监理、建筑安全生产管理、施工机械设备管理和建设工程质量监督管理。它们与现场施工密切相关，因而与工程施工质量有密切关系或直接关系。这类法律、法规文件涉及的内容十分广泛，其特点大多与现场施工有直接关系。例如《建设工程监理规范》明确了现场监理工作的内容、深度、范围、程序、行为规范和工作制度，特别是国务院颁布的《建设工程质量管理条例》，以《建筑法》为基础，全面系统地对与建设工程有关的质量责任和管理问题做了明确的规定，可操作性强。它不但对建设工程的质量管理具有指导作用，而且是全面保证工程质量和处理工程质量事故的重要依据。

（5）关于标准化管理方面的法规。这类法规主要涉及技术标准（勘察、设计、施工、安装、验收等）、经济标准和管理标准（如建设程序、设计文件深度、企业生产组织和生产能力标准、质量管理与质量保证标准等）。2000年建设部发布的《工程建设标准强制性条文》和《实施工程建设强制性标准监督规定》是典型的标准化管理类法规，它的实施为《建设工程质量管理条例》提供了技术法规支持，是参与建设活动各方执行工程建设强制性标准和政府实施监督的依据，同时也是保证建设工程质量的必要条件，是分析处理工程质量事故、判定责任方的重要依据。

（二）工程质量事故处理程序

工程质量事故处理程序如图3-3所示。

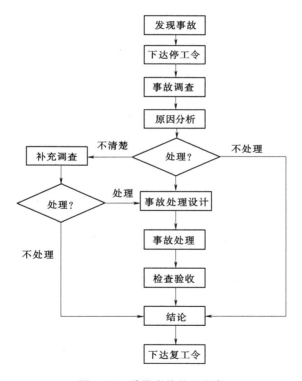

图3-3 质量事故处理程序

（1）工程质量事故发生后，总监理工程师应签发《工程暂停令》，并要求停止进行质量缺陷部位和与其有关联部位及下道工序施工，施工单位应接受工程暂停令，采取必要的措施，防止事故扩大并保护好现场。同时，质量事故发生单位迅速按类别和等级向相应的主管部门上报，并于24h内写出书面报告。质量事故报告应包括以下主要内容：

1）事故发生的单位名称、工程名称、事故部位、时间、地点。

2）事故概况和初步估计的直接损失。

3）事故发生原因的初步分析。

4）事故发生后采取的措施。

5）相关各种资料。

各级主管部门处理权限及组成调查组权限如下：特别重大质量事故由国务院按有关程序和规定处理；重大质量事故由国家建设行政主管部门归口管理；严重质量事故由省、自治区、直辖市建设行政主管部门归口管理；一般质量事故由市、县级建设行政主管部门归口管理，工程质量事故调查组由事故发生地的市、县以上建设行政主管部门或国务院有关主管部门组织成立。特别重大质量事故调查组组成由国务院批准；一、二级重大质量事故由省、自治区、直辖市建设行政主管部门提出组成意见，人民政府批准；三、四级重大质量事故由市、县级行政主管部门提出组成意见，相应级别人民政府批准；严重质量事故，调查组由省、自治区、直辖市建设行政主管部门组织；一般质量事故，调查组由市、县级建设行政主管部门组织；事故发生单位属国务院部委的，由国务院有关主管部门或其授权部门会同当地建设行政主管部门组织调查组。

（2）在事故调查组展开工作后，监理单位和施工单位应积极协助，配合调查组工作，客观地提供相应证据。

（3）当接到质量事故调查组提出的技术处理意见后，监理工程师可组织相关单位研究，并责成相关单位完成技术处理方案，并予以审核签认。质量事故技术处理方案，一般应委托原设计单位提出，由其他单位提供的技术处理方案，应经原设计单位同意签认。技术处理方案的制订，应征求建设单位意见。技术处理方案必须依据充分，应在质量事故的部位、原因全部查清的基础上，必要时，应委托法定工程质量检测单位进行质量鉴定或请专家论证，以确保技术处理方案可靠、可行，保证结构安全和使用功能。

（4）技术处理方案核签后，监理工程师应要求施工单位制定详细的施工方案设计，并报设计单位、监理单位、建设单位认可。

（5）施工单位组织施工力量落实施工方案，完工自检后报监理工程师，组织有关各方进行检查验收，必要时应进行处理结果鉴定。

（6）事故单位整理编写质量事故处理报告，经监理工程师审核签认后将有关技术资料归档。工程质量事故处理报告的主要内容包括：

1）工程质量事故概况、情况调查、原因分析。

2）质量事故处理的依据。

3）质量事故技术处理方案。

4）实施技术处理施工中的有关问题和资料。

5）对处理结果的检查鉴定和验收。

6）质量事故处理结论。

（三）工程质量事故处理方法

对于工程质量事故，通常可以根据质量问题的情况，作出四类不同性质的处理方法。

（1）修补处理。这是最常用的一种处理方案。当工程的某些部位的质量虽未达到规定的规范、标准或设计要求，存在一定的质量缺陷，但经过修补或更换设备、器具后还可到达要求的标准，又不影响使用功能或外观要求，可以作出修补处理的决定。属于修补处理这类具体方案很多，诸如封闭保护、复位纠偏、结构补强、表面处理等，某些事故造成的结构混凝土表面裂缝，可根据其受力情况，仅作表面封闭保护。某些混凝土结构表面的蜂窝、麻面，经调查分析，可进行剔凿、抹灰等表面处理，一般不会影响其使用和外观。对较严重的问题，可能影响结构的安全性和使用功能，必须按一定的技术方案进行加固补强处理，这样往往会造成一些永久性缺陷，如改变结构外形尺寸，影响一些次要的使用功能等。

（2）返工处理。当工程质量未达到规定的标准和要求，存在着严重质量问题，对结构的使用和安全构成重大影响，且又无法通过修补处理的办法纠正出现的质量缺陷时，可对检验批、分项、分部甚至整个工程返工处理。例如，某防洪堤坝填筑压实后，其压实土的干密度未达到规定值，进行返工处理。又如某公路桥梁工程预应力按规定张力系数为1.3，实际仅为0.8，属于严重的质量缺陷，也无法修补，只有返工处理。对某些存在严重质量缺陷，且无法采用加固补强修补处理或修补处理费用比原工程造价高的工程，应进行整体拆除，全面返工。

（3）不做处理。某些工程质量问题虽然不符合规定的要求和标准构成了质量事故，但视其严重情况，经过分析、论证、法定检测单位鉴定和设计等有关单位认可，对工程或结构使用及安全影响不大，也可不做专门处理。通常不用专门处理的情况有以下几种：

1）不影响结构安全和正常使用。例如，有的工业建筑物出现放线定位偏差，若要纠正会造成重大经济损失，经过分析、论证，其偏差不影响生产工艺和正常使用，在外观上也无明显影响，可不做处理。又如，某些隐蔽部位结构混凝土表面裂缝，经检查分析，属于表面养护不够的干缩微裂，不影响使用及外观，也可不做处理。

2）不严重的质量问题，经过后续工序可以弥补的。例如，混凝土表面轻微麻面，可通过后续的抹灰、喷涂或刷白等工序弥补，可不做专门处理。

3）出现的质量问题，经复核验算，仍能满足实际要求的。如某结构的断面小于设计断面，但复核后仍能满足设计承载能力，可考虑不再处理。

质量问题处理方案应以原因分析为基础，如果某些问题一时认识不清，且一时不致产生严重恶化，可以继续进行调查、观测，以便掌握更充分的资料和数据，做进一步分析，找出起源点，方可确认处理方案，避免急于求成造成反复处理的不良后果。审核确认处理方案应牢记：安全可靠，不留隐患，满足建筑物的功能和使用要求，技术可行，经济合理。针对确认不需专门处理的质量问题，应能保证它不构成对工程安全的危害，且满足安全和使用要求。因此，应总结经验，吸取教训，采取有效措施降低工程质量事故的发生。

思　考　题

3-1　什么叫质量？如何理解质量的内在含义？

3-2　什么叫工程质量？工程质量的特点是什么？

3-3　什么叫质量计划？质量计划的编制依据及编制要求有哪些？

3-4　质量控制的依据有哪些？

3-5　简述质量控制的程序及方法。

3-6　在施工现场质量管理过程中，如何理解4M1E质量控制？

3-7　什么叫质量事故？质量事故发生的主要原因是什么？

3-8　工程中发生了质量事故，应采取什么方法处理？处理时按照什么程序进行？

第四章　施工现场合同及成本管理

我国已经建立并逐步完善了社会主义市场经济体制，市场经济是法制经济，法制经济的特征是社会经济行为的规范性和有序性，而市场经济的规范性和有序性要靠健全的合同秩序来体现。在市场经济中，财产的流转主要靠合同。特别是工程建设项目，其特点是投资大、工期长、协调关系多，因此合同就显得尤为重要。

施工企业是以获取利润为目的的经济实体，需要经常考虑"如何以最小的投入获取最大的利润"的问题，要想达到这一目标，就必须提高企业的市场竞争能力，努力推进成本管理，向科学管理要效益。

第一节　合同法基本知识

为了保护合同当事人的合法权益，维护社会经济秩序，促进社会主义现代化建设，我国于 1999 年 3 月 15 日第九届全国人民代表大会第二次会议通过了《中华人民共和国合同法》（以下简称《合同法》）。

一、合同与合同法的基本原则

（一）合同

合同法是市场经济的基本法律制度，是民法的重要组成部分。民法当中的合同有广义和狭义之分。广义的合同是指两个以上（包括两个）的民事主体之间，设立、变更、终止民事权利义务关系的协议；狭义的合同是指债权合同，即两个以上的民事主体之间设立、变更、终止债权债务关系的协议。《合同法》第二条规定："本法所称合同是平等主体的自然人、法人、其他组织之间设立、变更、终止民事权利义务关系的协议。""婚姻、收养、监护等有关身份关系的协议，适用其他法律的规定。"因此，《合同法》当中的合同是指狭义上的合同。

合同在工程项目建设领域占有十分重要的地位，主要体现在以下方面：合同管理贯穿于工程项目建设的整个过程；合同是工程建设过程中发包人和承包人双方活动的准则；合同是工程建设过程中双方纠纷解决的依据；合同是协调并统一各参加建设者行动的重要手段。

（二）合同法的基本原则

合同法的基本原则贯穿了合同从签订到终止的全过程，是每一个合同当事人均应遵守、不得违反的原则，主要体现在以下几方面。

（1）平等原则。《合同法》第 3 条规定："合同当事人的法律地位平等，一方当事人不得将自己的意志强加给另一方。"

（2）自愿原则。《合同法》第 4 条规定："当事人依法享有自愿订立合同的权利，任何单位和个人不得非法干预。"

（3）公平原则。《合同法》第 5 条规定："当事人应当遵循公平原则确立各方的权利和义务。"

（4）诚信原则。《合同法》第 6 条规定："当事人行使权利、履行义务应当遵循诚实信用原则。"

（5）合法原则。《合同法》第 7 条规定："当事人订立、履行合同，应当遵守法律、行政法规，尊重社会公德，不得扰乱社会经济秩序，损害社会公共利益。"

二、合同的订立

合同的订立就是合同当事人进行协商，使各方的意思表示趋于一致的过程。合同成立是合同法律关系确立的前提，也是衡量合同是否有效以及确定合同责任的前提。合同订立的一般程序从法律上可分为要约和承诺两个阶段。

（一）要约

要约是希望和他人订立合同的意思表示。在商业活动和对外贸易中，要约又称为报价、发价或发盘；在招投标过程中，投标即要约。合同法规定，要约到达受要约人时生效，一项要约要取得法律效力，必须具备下列法律特征：

（1）要约的内容具体确定。

（2）要约必须标明经受要约人承诺，要约人即受该意思表示约束。

我们必须注意要约和要约邀请的区别，前者一经发出就产生一定的法律效果，后者是订立合同的预备行为，并不产生任何法律效果。在实际生活中，大多数商业广告就是一种要约邀请；在招投标中，招标公告和招标文件都是要约邀请。两者的区别主要在于：①要约是当事人自己发出的意愿订立合同的意思表示，而要约邀请则是当事人希望对方向自己发出订立合同的意思表示的一种意思表示；②要约一经发出，邀请方可以不受自己的要约邀请的约束，即受要约邀请而发出要约的一方当事人，不能要求邀请方必须接受要约。

要约人一般以两种形式发出要约：一种是口头形式，即要约人以直接对话或者电话等方式向对方提出要约，这种形式，主要用于及时清结的合同；另一种是书面形式，即要约人采用交换信函、电报、电传和传真等文字形式向对方提出要约。

（二）承诺

承诺，是受要约人同意要约的意思表示。要约人有义务接受受要约人的承诺，不得拒绝。在招投标中，招标人发的中标通知书即是承诺。合同法规定，承诺通知到达要约人时生效。承诺生效时，合同成立，当事人之间产生合同权利和义务。一项承诺，必须具备下列法律特征，才能产生合同成立的法律后果：

（1）承诺必须由受要约人作出。

（2）承诺必须向要约人作出。

（3）承诺的内容应当和要约的内容一致。

（4）承诺应在要约有效期内作出。

承诺应当在要约确定的期限内到达要约人，若要约没有确定承诺期限，承诺应当依照下列规定到达：

（1）要约以对话方式作出的，应当即时作出承诺，但当事人另有约定的除外。

（2）要约以非对话方式作出的，承诺应当在合理期限内到达。

《合同法》规定："承诺应当以通知的方式作出，但根据交易习惯或者要约标明或以通过行为作出承诺的除外。"承诺的形式一般应当与要约的形式一致，要约人也可以在要约中规定受要约人必须采用何种形式作出承诺，此时受要约人必须按照规定的形式作出承诺。

三、合同的效力

合同根据法律效力可分为有效合同、无效合同和可撤销的合同。合同成立之后，既可能因符合法律规定而生效，也可能因违反法律规定或者意思表示有瑕疵而无效、可变更或者可撤销。合同生效只是合同成立后的法律效力情形之一；无效合同或者被撤销的合同自始没有法律约束力；合同部分无效，不影响其他部分效力的，其他部分仍然有效。

（一）合同生效

合同生效是指业已成立的合同具有法律约束力。合同是否成立取决于当事人是否就合同的必要条款达成合意；而合同是否生效取决于是否符合法律规定的生效条件。《合同法》第 44 条规定："依法成立的合同，自成立时生效。""法律、行政法规规定应当办理批准、登记等手续生效的，依照其规定。"有效的合同必须是依法成立的合同，而且其主体、内容、方式、形式都必须符合法律的规定。

（二）合同无效

合同无效是指合同严重欠缺有效要件，不发生法律效力，也就是法律不允许按当事人同意的内容对合同赋予法律效果，即为合同无效。《合同法》第 52 条规定有下列情形之一的，合同无效：

（1）一方以欺诈、胁迫的手段订立合同，损害国家利益。

（2）恶意串通，损害国家、集体或者第三人利益。

（3）以合法形式掩盖非法目的。

（4）损害社会公共利益。

（5）违反法律、行政法规的强制性规定。

（三）合同的撤销

合同的撤销是指因意思表示不真实，通过撤销权人行使撤销权，使已生效的合同归于消灭。合同的撤销必须具备法律规定的条件，不具备法定条件，当事人任何一方都不能随便撤销合同，否则要承担法律责任。在以下情况下，当事人一方有权请求人民法院或者仲裁机构变更或者撤销：

（1）因重大误解订立的。

（2）在订立合同时显失公平的。

（3）一方以欺诈、胁迫的手段或者乘人之危，使对方在违背真实意思的情况下订立合同。

当然，当事人请求变更的，人民法院或者仲裁机构不得撤销。

四、合同的履行

合同的履行，是指合同生效后，双方当事人按照约定全面履行自己的义务，从而使双方当事人的合同目的得以实现的行为。合同履行是合同法律效力的主要内容和集中体现，双方当事人正确履行合同使双方的权利得以实现，结果是合同关系归于消灭。

（一）合同履行的一般原则

合同履行的原则，是指合同当事人双方在履行合同义务时应遵循的原则，既包括合同的基本原则，也包括合同履行的特有原则，后者主要包括以下的原则：

（1）实际履行原则。实际履行原则主要体现在两个方面：①合同当事人必须按照合同的标的履行，合同规定的标的是什么，就得履行什么，不得任意以违约金或按损害赔偿金等标的代替合同规定的履行；②合同当事人一方不按照合同的标的履行时，应承担实际履行的责任，另一方当事人有权要求其实际履行。

（2）全面履行原则。全面履行原则，又称适当履行原则或正确履行原则，是指合同当事人必须按照合同规定的条款全面履行各自的义务。具体讲就是必须按照合同规定的数量、品种、质量、交货地点、期限交付物品，并及时支付相应价金。这一原则的意义在于约束当事人信守诺言，讲究信用，全面按合同规定履行权利义务，以保证当事人双方的合同利益。

（3）诚实信用原则。合同当事人应当遵循诚实信用原则，根据合同的性质、目的和交易习惯履行通知、协助、保密等合同的附随义务。合同的附随义务是根据《合同法》诚信原则产生的，与合同的主义务相对应的义务，指合同中虽未明确规定，但依照合同性质、目的或者交易习惯，当事人应负有的义务。

（二）没有约定或者约定不明确的合同履行

合同依法订立后，当事人应当按照约定全面履行自己的义务。当事人应当遵循诚实信用的原则，根据合同的性质、目的和交易习惯履行通知、协助、保密义务。然而，一项合同不可能事无巨细，面面俱到；而且即使合同成立后，也会因情况发生变化而需要对合同的内容作出调整。因此，合同成立后，当事人可以就合同中没有规定的内容订立补充协议，作为合同的组成部分，与合同具有同等的法律效力。为此，对有缺陷的合同，《合同法》作出了明确的规定："合同生效后，当事人就质量、价款或者报酬、履行地点等内容没有约定或者约定不明确的，可以协议补充；不能达成补充协议的，按照合同有关条款或者交易习惯确定。"如果当事人不能达成一致意见，也不能确定合同的内容，应按法律的规定履行。

（三）合同履行的抗辩权、拒绝权、代位权和撤销权

（1）抗辩权。抗辩权又称异议权，是指对抗请求权或者否认他人权利主张的权利。抗辩权的作用是使对方的权利受到阻碍或者消灭。按照《合同法》的规定抗辩权可分为同时履行抗辩权、后履行抗辩权和不安抗辩权。

（2）拒绝权。拒绝权是债权人对债务人未履行合同的拒绝接受的权利，拒绝权包括提前履行拒绝权和部分履行拒绝权。

（3）代位权。债权人代位权，是指在债务人行使债权发生懈怠而对债权人造成损害的，债权人以自己的名义代债务人行使其债权的权利，但该债权专属于债务人自身的除外。

（4）撤销权。撤销权是指债务人放弃其到期债权、无偿转让财产或者以明显不合理的低价转让财产，对债权人造成损害的，债权人可以请求人民法院撤销债务人的行为的权利。

（四）当事人分立、合并后的合同履行

合同的当事人发生分立的，分立后的当事人之间对原合同享有连带债权、承担连带债务，即各分立后的法人或者其他组织，对合同的另一方当事人承担连带责任，其中一个法人或者其他组织负有对合同的所有债务进行清偿的义务，也享有要求合同的另一方当事人对其履行全部合同债务的权利。但是分立后的当事人约定各自债权比例，并且通知债务人的，则它们之间为按约定比例享有债权。

发生合并的，由合并的法人或其他组织享有合同的债权、承担合同的义务。

五、合同的变更、转让和解除

（一）合同的变更

合同的变更是指合同成立后、尚未履行或尚未完全履行之前，合同的内容发生改变。《合同法》第77条规定："当事人协商一致，可以变更合同。法律、行政法规规定变更合同应当办理批准、登记等手续的，依照其规定。"

合同变更具有下列特征：①合同的变更是通过协议达成的；②合同的变更也可以依据法律的规定产生；③合同的变更是合同内容的局部变更，是对合同内容作某些修改和补充，而不是合同内容的全部变更；④合同的变更会变更原有权利义务关系，产生新的权利义务关系。

合同变更须具备的条件为：①合同关系原已存在；②合同内容发生变化；③合同的变更必须依当事人协议或法律规定；④合同的变更必须遵守法律规定的方式。

（二）合同的转让

合同的转让是指合同当事人一方依法将其合同的权利和（或）义务全部或者部分地转让给第三人，包括合同权利转让、合同义务转让、合同权利义务一并转让。

合同转让的主要特征包括：①合同转让以有效合同的存在为前提；②合同的转让是合同主体改变；③合同的转让不改变原合同的权利义务内容；④合同的转让既涉及转让人（合同一方当事人）与受让人（第三人）的关系，也涉及原合同双方当事人的关系。

合同的转让需要具备以下条件：①必须有有效成立的合同存在；②必须有转让人（合同当事人）与受让人（第三人）协商一致的转让行为；③必须经债权人同意或通知债务人；④合同权利的转让必须是转让依法能够转让的权利；⑤合同转让必须依法办理审批登记手续。

（三）合同的解除

合同解除是指在合同有效成立后，在一定的条件下，通过当事人的单方行为或者双方协议终止合同效力的行为。合同的解除是合同终止的事由之一，具有下列特点：①合同的解除是对有效合同的解除；②合同的解除必须具有解除的事由；③合同的解除必须通过解除行为而实现；④合同的解除产生终止合同的效力并溯及消灭合同。合同解除具有协议解除和单方解除两种基本方式。

1. 协议解除

合同的协议解除是指当事人通过协议解除合同的方式。《合同法》第93条规定："经当事人协商一致，可以解除合同。当事人可以约定一方解除合同的条件。解除合同的条件成就时，解除权人可以解除合同。"经当事人协商一致解除合同的，当然属于协议解除，而在约定的解除条件成就时的解除，也是以合同对解除权的约定为基础的，可以看做一种特殊的协议解除。在附条件的合同中对附解除条件的合同及其效力进行了解释，对附解除条件的合同而言，解除条件成就时合同即告解除。

2. 单方解除

合同的单方解除（也可称法定解除），是指在具备法定事由时合同一方当事人通过行使解除权就可以终止合同效力的解除。《合同法》规定有下列情形之一的，当事人可以解除合同：①因不可抗力致使不能实现合同目的；②在履行期限届满之前，当事人一方明确表示或者以自己的行为表明不履行主要债务；③当事人一方迟延履行主要债务，经催告后在合理期限内仍未履行；④当事人一方迟延履行债务或者有其他违约行为致使不能实现合同目的；⑤法律规定的其他情形。

六、违约责任

（一）概念

违约责任是指合同当事人一方不履行合同义务或其履行不符合合同约定时，对另一方当事人应承担民事责任。构成违约责任应具备以下几个条件：

（1）违约一方当事人必须有不履行合同义务或者履行合同义务不符合约定的行为，这是构成违约责任的客观要件。

（2）违约一方当事人主观上有过错，这也是违约责任的主观条件。

（3）违约一方当事人的违约行为造成了损害事实。

（4）违约行为和损害结果之间存在着因果关系。

（二）承担违约责任的形式

违约行为主要有先期违约、不履行、迟延履行、不适当履行、其他不完全履行行为等类型。违约责任是财产责任，承担违约责任的形式主要有以下几种。

1. 继续履行

继续履行是指合同当事人一方不履行合同义务或者履行合同义务不符合约定条件时，对方当事人为维护自身利益并实现其合同目的，要求违约方继续按照合同的约定履行义务。请求违约方履行和继续履行是承担违约责任的基本方式之一。

继续履行具有下列特征：①违约方继续履行是承担违约责任的形式之一；②请求违约方履行的内容是强制违约方交付按照约定本应交付的标的；③继续履行是实际履行原则的补充或者延伸。

构成继续履行应具备以下条件：①必须有违约行为；②必须由受害人请求违约方继续履行合同债务行为；③必须是违约方能够继续履行合同，如违约方不能履行，或因不可归责于当事人双方的原因致使合同履行实在困难，如果实际履行则显失公平的，不能采用强制实际履行；④强制履行不违背合同本身的性质和法律，如在一方违反基于人身依赖关系产生的合同和提供个人服务的合同情况下，不得实行强制履行。

2. 采取补救措施

这里的补救措施特指继续履行、支付违约金、赔偿金以外的，可以使债权人的合同目的得以实现的一切手段。

补救措施的具体类型，即质量不符合约定的，应当按照当事人的约定承担违约责任。对违约责任没有约定或者约定不明确，且依照《合同法》第 61 条规定，即合同生效后，当事人就质量、价款或者报酬、履行地点等内容没有约定或者约定不明确的，可以协议补充；不能达成补充协议的，按照合同有关条款或者交易习惯确定；若仍不能确定的，受损害方根据标的的性质以及损失的大小，可以合理选择请求修理、更换、重作、退货、减少价款或者报酬等违约责任。

3. 赔偿损失

在《合同法》中，赔偿损失又称为损失赔偿、损害赔偿，是指违约方以支付金钱的方式弥补受害方因违约方的违约行为所减少的财产或者所丧失的利益。分而言之，赔偿就是以金钱方式弥补损失，而损失则是财产的减少或者利益的丧失。

赔偿损失具有下列特征：

（1）赔偿损失是最基本、最重要的违约形式。损害赔偿是由合同债务未得到履行而产生的法律责任，任何其他责任形式原则上都可以转化为损害赔偿。

（2）赔偿损失是以支付金钱的方式弥补损失。损失是以金钱计算并支付的，任何损失一般都可以转化为金钱，以金钱赔偿是最便利的一种违约责任承担方式。

（3）赔偿损失是指由违约方赔偿受害方因违约所产生的损失，与违约行为无关的损失不存在损害赔偿，赔偿损失是违约方向受害方承担的违约责任。

（4）损失的赔偿范围或者数额允许当事人进行约定，当事人既可以约定违约金，也可以约定损害赔偿的计算方法，当事人的约定具有优先效力。

第二节　施工合同管理一般问题

工程施工合同即建筑安装合同，是发包人与承包人之间为完成商定的工程项目，确定双方权利和义务的协议。施工合同是工程过程中双方的最高行为准则。工程过程中的一切活动都是为了履行合同，都必须按合同办事，双方的行为主要靠合同来约束，所以工程管理以合同管理为核心。

一、施工合同文件

合同文件是指由发包人和承包人签订的为完成合同规定的各项工作所需的全部文件和图纸，以及在协议书中明确列入的其他文件和图纸。对于水利水电工程施工合同而言，通常应包括下列内容。

（1）合同条款。合同条款指发包人拟定和选定，经双方同意采用的条款，它规定了合同双方的权利和义务，合同条款一般包含通用条款和专用条款两部分。

（2）技术条款。技术条款指合同中的技术条款和由监理人作出或批准的对技术条款所作的修改或补充的文件。技术条款应规定合同的工作范围和技术要求。对承包人提供的材料质量和工艺标准，必须作出明确的规定。技术条款还应包括在合同期间由承包人提供的试样和进行试验的细节。技术条款通常还应包括计量方法。

（3）图纸。图纸应足够详细，以便承包人在参照了技术条款和工程量清单后，能确定合同所包括的工作性质和范围。主要包括：

1）列入合同的招标图纸和发包人按合同规定向承包人提供的所有图纸，包括配套说明和有关资料。

2）列入合同的投标图纸和承包人提交并经监理人批准的所有图纸，包括配套说明和有关资料。

3）在上述规定的图纸中由发包人提供和承包人提交并经监理人批准的直接用于施工的图纸，包括配套说明和有关资料。

（4）已标价的工程量清单。已标价的工程量清单包括按照合同应实施的工作的说明、估算的工程量以及由投标者填写的单价和总价。它是投标文件的组成部分。

（5）投标报价书。投标报价书是投标人提交的组成投标书最重要的单项文件。在投标报价书中投标人要确认他已阅读了招标文件并理解了招标文件的要求，并声明他为了承担和完成合同规定的全部义务所需的投标金额。这个金额必须和工程量清单中所列的总价相一致。

（6）中标通知书。中标通知书指发包人发给承包人表示正式接受其投标书的书面文件。

（7）合同协议书。合同协议书指双方就最后达成协议所签订的协议书。

（8）其他。其他指明确列入中标函或合同协议书中的其他文件。

二、施工合同有关各方

发包人与承包人签订的施工合同，明确了合同双方的权利义务关系，双方当事人应当按合同的约定，全面履行合同约定的义务，才能保证合同权利的实现。监理人受发包人委托和授权对合同进行管理，《水利水电土建工程施工合同条件》通用合同条款规定了监理人的职责和权力。

1. 发包人

发包人是指在合同协议书中约定，具有工程发包主体资格和支付工程价款能力的当事人，以及取得该当事人资格的合法继承人。

发包人的一般义务和责任包括：

（1）遵守法律、法规和规章。发包人应在其实施施工合同的全部工作中，遵守与合同有关的法律、法规和规章，并应承担由于自身违反合同有关的法律、法规和规章的责任。

（2）发布开工通知。发包人应委托监理人在按合同规定的日期前向承包人发布开工通知。

（3）安排监理人及时进点实施监理。发包人应在开工通知发出前安排监理人及时进入工地开展监理工作。

（4）提供施工用地。发包人应按专用合同条款规定的承包人用地范围和期限，办清施工用地范围内的征地和移民，按时向承包人提供施工用地。

（5）提供部分施工准备工程。发包人应按合同规定，完成由发包人承担的施工准备工程，并按合同规定的期限提供给承包人使用。

（6）提供测量基准。发包人应按合同有关条款和《技术条款》的规定，委托监理人向承包人提供现场测量基准点、基准线和水准点及其有关资料。

（7）办理保险。发包人应按合同规定负责办理由发包人投保的保险。

（8）提供已有的水文和地质勘探资料。发包人应向承包人提供已有的与该合同工程有关的水文和地质勘探资料，但只对列入合同文件的水文和地质勘探资料负责，不对承包人使用上述资料所作的分析、判断和推论负责。

（9）及时提供图纸。发包人应委托监理人在合同规定的期限内向承包人提供应由发包人负责提供的图纸。

（10）支付合同价款。发包人应按合同规定的期限向承包人支付合同价款。

（11）统一管理工程的文明施工。发包人应按国家有关规定负责统一管理该工程的文明施工，为承包人实现文明施工目标创造必要的条件。

（12）治安保卫和施工安全。发包人应按法律及合同的有关规定履行其治安保卫和施工安全职责。

（13）环境保护。发包人应按环境保护的法律、法规和规章的有关规定统一筹划该工程的环境保护工作，负责审查承包人按合同规定所采取的环境保护措施，并监督其实施。

（14）组织工程验收。发包人应按合同的规定主持和组织工程的完工验收。

（15）其他一般义务和责任。发包人应承担专用合同条款中规定的其他一般义务和责任。

2. 承包人

承包人是指在合同协议书中约定，被发包人接受具有工程施工承包主体资格的当事人，以及取得该当事人资格的合法继承人。

承包人的一般义务和责任包括：

（1）遵守法律、法规和规章。承包人应在其负责的各项工作中遵守与合同工程有关的法律、法规和规章，并保证发包人免于承担由于承包人违反上述法律、法规和规章的任何责任。

（2）提交履约担保证件。承包人应按合同的规定向发包人提交履约担保证件。

（3）及时进点施工。承包人应在接到开工通知后及时调遣人员和调配施工设备、材料进入工地，按施工总进度要求完成施工准备工作。

（4）执行监理人的指示，按时完成各项承包工作。承包人应认真执行监理人发出的与合同有关的任何指示，按合同规定的内容和时间完成全部承包工作。除合同另有规定外，承包人应提供为完成本合同工作所需的劳务、材料、施工设备、工程设备和其他物品。

（5）提交施工组织设计、施工措施计划和由承包人负责的施工图纸，报送监理人审批，并对现场作业和施工方法的完备和可靠负全部责任。

（6）办理保险。承包人应按合同规定负责办理由承包人投保的保险。

（7）文明施工。承包人应按国家有关规定文明施工，并应在施工组织设计中提出施工全过程的文明施工措施计划。

（8）保证工程质量。承包人应严格按施工图纸和《技术条款》中规定的质量要求完成各项工作。

（9）保证工程施工和人员的安全。承包人应按合同的有关规定认真采取施工安全措施，确保工程和由其管辖的人员、材料、设施和设备的安全，并应采取有效措施防止工地附近建筑物和居民的生命财产遭受损害。

（10）环境保护。承包人应遵守环境保护的法律、法规和规章，并应按合同的规定采取必要的措施保护工地及其附近的环境，免受因其施工引起的污染、噪声和其他因素所造成的环境破坏和人员伤害及财产损失。

（11）避免施工对公众利益的损害。承包人在进行该合同规定的各项工作时，应保障发包人和其他人的财产和利益以及使用公用道路、水源和公共设施的权利免受损害。

（12）为其他人提供方便。承包人应按监理人的指示为其他人在该工地或附近实施与该工程有关的其他各项工作提供必要的条件。除合同另有规定外，有关提供条件的内容和费用应在监理人的协调下另行签订协议。若达不成协议，则由监理人做出决定，有关各方遵照执行。

（13）工程维护和保修。工程未移交发包人前，承包人应负责照管和维护，移交后承包人应承担保修期内的缺陷修复工作。若工程移交证书颁发时尚有部分未完工程需在保修期内继续完成，则承包人还应负责该未完工程的照管和维护工作，直至完工后移交给发包人为止。

（14）完工清场和撤离。承包人应在合同规定的期限内完成工地清理并按期撤退其人员、施工设备和剩余材料。

（15）其他一般义务和责任。承包人应承担专用合同条款中规定的其他一般义务和责任。

3. 监理人

监理人是指专用合同条款中写明的由发包人委托对本合同实施监理的当事人。

总监理工程师（以下简称总监）是监理人驻工地履行监理人职责的全权负责人。发包人应在开工通知发布前把总监的任命通知承包人，总监换人时应由发包人及时通知承包人。总监短期离开工地时应委派代表代行其职责，并通知承包人。

总监可以指派监理工程师、监理员负责实施监理中的某项工作，总监应将这些监理人员的姓名、职责和授权范围通知承包人。监理人员出于上述目的而发出的指示均视为已得到总监的同意。

监理人应公正地履行职责，在按合同要求由监理人发出指示、表示意见、审批文件、确定价格以及采取可能涉及发包人或承包人的义务和权利的行动时，应认真查清事实，并与双方充分协商后作出公正的决定。监理人的职责和权力包括：

（1）监理人应履行该合同规定的职责。

（2）监理人可以行使合同中规定的和合同隐含的权力，但若发包人要求监理人在行使某种权力之前必须得到发包人批准，则应在专用合同条款中予以规定，否则监理人行使这种权力应视为已得到发包人的事先批准。

（3）除合同中另有规定外，监理人无权免除或变更合同中规定的承包人或发包人的义务、责任和权利。

三、施工合同分析

合同分析是指从执行的角度分析、补充、解释合同，将合同目标和合同规定落实到合同实施的具体问题和具体事件上，用以指导具体工作，使合同能符合日常工程管理的需要。

从项目管理的角度来看，合同分析就是为合同控制确定依据。合同分析确定合同控制的目标，并结合项目进度控制、质量控制、成本控制的计划，为合同控制提供相应的合同工作、合同对策、合同措施。从这一方面看，合同分析是承包商项目管理的起点。

（一）合同总体分析

合同总体分析的主要对象是合同协议书和合同条件。通过合同的总体分析，将合同条款和合同规定落实到一些带有全局性的具体问题上。

对工程施工合同来说，包括：承包方的主要责任和权利，合同价格、计价方法和价格补偿条件，工期要求和顺延条件，合同双方的违约责任，合同变更方式、程序，工程验收的方法，索赔规定及合同解除的条件和程序，争执的解决等。

在分析中，应对合同执行中的风险及应注意的问题做出特别的说明和提示。

合同总体分析的结果是工程施工总的指导性文件，应将它以最简单的形式和最简洁的语言表达出来，以便进行合同的结构分解。

（二）合同结构分解

合同结构是指一个项目上所有合同之间的构成状况和互相联系。对合同结构进行分解则是按照系统规则和要求将合同对象分解成相互独立、相互影响、互相联系的单元。合同结构分解应与项目的合同目标相一致。根据结构分解的一般规律和施工合同条件自身的特点，施工合同条件结构分解应遵循以下规则：

（1）保证施工合同条件的系统性和完整性。施工合同条件分解结果应包括所有的合同因素，这样才能保证应用这些分解结果时等同于应用施工合同条件。

（2）保证各分解单元间界限清晰、意义完整，保证分解结果明确有序。

（3）易于理解和接受、便于应用。即要充分尊重人们之间已经形成的概念和习惯，只在根本违背合同原则的情况下才做出更改。

（4）便于按照项目的组织分工落实合同工作和合同责任。

（三）合同漏洞的补充

合同漏洞是指当事人应当约定而未约定或者约定不明确，或是约定了无效和可能被撤销的合同条款而使合同处于不完整状态。为鼓励交易，节约交易成本，法律要求对合同漏洞应尽量予以补充，使之足够明确、清楚，达到使合同能够全面适当履行的条件。根据《合同法》，补充合同漏洞有以下三种方式：

（1）约定补充。当事人对合同疏漏之处按照合同订立的规则，在平等自愿的基础上另行协商，达成合同的补充协议，并与原合同共同构成一份完整的合同。

（2）解释补充。这是指以合同的客观内容为基础，依据诚实信用原则并考虑到交易惯例，来对合同的漏洞做出符合合同目的的填补。

（3）法定补充。是指根据法律的直接规定，对合同的漏洞加以补充。

（四）歧义解释

合同应当是合同当事人双方完全一致的意思表示，即构成合同的各种文件及其中的各种条款，应该是一个整体，他们是有机的结合，互为补充、互为说明。但是，由于合同文件内容众多、篇幅庞大，很难避免彼此之间出现解释不清或有异议的情况。一旦在合同履行过程中产生上述问题就可能导致合同争执，因此必须对歧义进行解释。

1．施工合同文件优先次序

合同条款中应规定合同文件的优先次序，即当不同文件出现模糊或矛盾时，以哪个文件为准。一般情况下，除非合同另有规定，《水利水电土建工程施工合同条件》中规定的各种合同文件的优先次序按如下排列：①合同协议书（包括补充协议书）；②中标通知书；③投标报价书；④合同条款第二部分，即专用合同条款；⑤合同条款第一部分，即通用合同条款；⑥技术条款；⑦图纸；⑧已标价的工程量清单；⑨经双方确认进入合同的其他文件。

如果发包人选定不同于上述的优先次序，则可以在专用条款中予以修改说明；如果发包人不规定文件的优先次序，则亦可在专用条款中说明，并可对出现的含糊或异议加以解释和校正。

2. 施工合同文件解释的原则

对合同文件的解释，除应遵循上述合同文件的优先次序和适用法律，还应遵循国际上对工程承包合同文件进行解释的一些公认的原则，主要有如下几点：

（1）诚实信用原则。各国法律都普遍承认诚实信用原则（简称诚信原则），它是解释合同文件的基本原则之一。诚信原则是指合同双方当事人在签订和履行合同中都应是诚实可靠、恪守信用的。根据这一原则，法律推定当事人在签订合同之前都认真阅读和理解了合同文件，都确认合同文件的内容是自己真实意思的表示。双方自愿遵守合同文件的所有规定。因此，按这一原则解释，即"在任何法律和环境下，合同都应按其表述的规定准确而正当地予以履行"。

根据此原则对合同文件进行解释应做到：①按明示意义解释，即按照合同书面文字解释，不能任意推测或附加说明；②公平合理的解释，即对文件的解释不能导致明显不合理甚至荒谬的结果，也不能导致显失公平的结果；③全面完整的解释，即对某一条款的解释要与合同中其他条款相容，不能出现矛盾。

（2）反义居先原则。这个原则是指：如果由于合同中有模棱两可、含糊不清之处，因而导致对合同的规定有两种不同的解释时，则按不利于文件起草方或者提供方的原则进行解释，也就是以与起草方相反的解释居于优先地位。

对于工程施工承包合同，业主总是合同文件的起草或提供方，所以当出现上述情况时，承包商的理解与解释应处于优先地位。但是在实践中，合同文件的解释权通常属于监理工程师，这时，承包商可以要求监理工程师就其解释作出书面通知，并将其视为"工程变更"来处理经济与工期补偿问题。

（3）明显证据优先原则。这个原则是指：如果合同文件中出现几处对同一问题有不同规定时，则除了遵照合同文件优先次序外，应服从如下原则，即具体规定优先于原则规定；直接规定优先于间接规定；细节的规定优先于笼统的规定。根据此原则形成了一些公认的国际惯例：细部结构图纸优先于总装图纸；图纸上数字标志的尺寸优先于其他方式（如用比例尺换算）；数值的文字表达优先于用阿拉伯数字表达；单价优先于总价；定量的说明优先于其他方式的说明；规范优先于图纸；专用条款优先于通用条款等。

（4）书写文字优先原则。按此原则规定：书写文字优先于打字条文；打字条文优先于印刷条文。

（五）合同工作分析

合同工作分析是在合同总体分析和合同结构分解的基础上，依据合同协议书、合同条件、规范、图纸、工程量表等，确定各项目管理人员及各工程小组的合同工作，以及划分各责任人的合同责任。合同工作分析涉及承包商签约后的所有活动，其结果实质上是承包商的合同执行计划，它包括：

（1）工程项目的结构分解，即工程活动的分解和工程活动逻辑关系的安排。

（2）技术会审工作。

（3）工程实施方案、总体计划和施工组织计划。

（4）工程详细的成本计划。

（5）与承包合同同级的各个合同的协调，包括各个分合同的工作安排和各个分合同之间的协调。

四、风险、风险分配和合同风险评估

（一）风险

在建设工程实施过程中，由于自然、社会条件复杂多变，影响因素众多，特别是水利水电工程施工期较长，受水文、地质等自然条件影响大，因此，建设工程合同当事人双方将面临很多在招标投标时难以预料、预见或不可能完全确定的损害因素，这些损害可能是人为造成的，也可能是自然和社会因素引起的，人为的因素可能属于发包人的责任，也可能属于承包人的责任，这种不确定性就是风险。

风险范围很广，从不同角度可作不同的分类：从风险的严峻程度，分为非常风险与一般风险；从风险的原因的性质，可分为政治风险、经济风险、技术风险、商务风险和对方的资质与信誉风险等。

（二）风险的分配

风险分配就是在合同条款中写明，风险由合同当事人哪一方来承担，承担哪些责任，这是合同条款的核心问题之一。风险分配合理，有助于调动合同当事人的积极性，认真做好风险防范和管理工作，有利于降低成本，节约投资，对合同当事人双方都有利。

在建设工程合同中，双方当事人应当各自承担自己责任范围内的风险。对于双方均无法控制的自然和社会因素引起的风险则应由发包人承担较为合理，因为承包人很难将这些风险估计到合同价格中。若由承包人承担这些风险，则势必增加其投标报价，当风险不发生时，反而增加工程造价；风险估计不足时，则又会造成承包人亏损，而招致工程不能顺利进行。因此，谁能更有效地防止和控制风险，或者是减少该风险引起的损失，则应由谁承担该风险。这就是风险管理理论风险分配的原则。根据这一原则，在建设工程施工合同中，应将工程风险的责任做出合理的分配。

1. 发包人的风险

工程（包括材料和工程设备）发生以下各种风险造成的损失和损坏，均应由发包人承担风险责任：

（1）发包人负责的工程设计不当造成的损失和损坏。

（2）由于发包人责任造成工程设备的损失和损坏。

（3）发包人和承包人均不能预见、不能避免并不能克服的自然灾害造成的损失和损坏，但承包人迟延履行合同后发生的除外。

（4）战争、动乱等社会因素造成的损失和损坏。

从以上可以看出，发包人承担的风险有两种：一种是由于发包人工作失误带来的风险，如（1）、（2）所列；另一种是由于合同双方均不能预见、不能避免并不能克服的自然和社会因素所带来的风险，如（3）、（4）项所列。

2. 承包人的风险

工程（包括材料和工程设备）发生以下各种风险造成的损失和损坏，均应由承包人承担风险责任：

（1）由于承包人对工程（包括材料和工程设备）照管不周造成的损失和损坏。

（2）由于承包人的施工组织措施失误造成的损失和损坏。

（3）其他由于承包人原因造成的损失和损坏。

由于承包人原因造成工程（包括材料和工程设备）损失和损坏，还可能有因其所属人员违反操作规程、其采购的原材料缺陷等引起的事故，均应由承包人承担风险责任。

（三）风险评估

风险评估是对风险的规律性进行研究和量化分析。

风险估计主要是对工程项目各阶段的单一风险事件发生的概率（可能性）和发生的后果（损失大小）、可能发生的时间和影响范围的大小等进行估计。风险评价就是对工程项目整体风险，或某一部分、某一阶段风险进行评价，即评价各风险事件的共同作用，风险事件的发生概率（可能性）和引起损失的综合后果对工程项目实施带来的影响。

调查与专家打分法是一种常用的定性风险评估方法，其步骤如下：

（1）识别可能发生的各种风险事件。

（2）由专家们对可能出现的风险因素或风险事件的重要性进行评价，给出每一风险事件的权重，用其反映某一风险因素对投标风险的影响程度。

（3）确定每一风险事件的可能性，并分较小、不大、中等、比较大、很大五个等级来表示。

（4）将每一风险事件的权重与风险事件可能性的分值相乘，求出该风险事件的得分，再将每一风险事件的得分累加，得到投资风险总分，即为风险评估的结果。风险总分越高，说明风险越大。

五、工程保险

（一）有关概念

保险是指投保人根据保险合同约定，向保险人支付保险费，保险人对于合同约定的可能发生的事故所造成的财产损失承担赔偿保险金责任，或者当被保险人死亡、伤残、疾病或者达到合同约定的年龄、期限时承担给付保险金责任的商业保险行为。保险是一种受法律保护的制度，其实质是一种风险转移，即投保人通过投保，将原应承担的风险责任转移给保险公司，从而增强抵御风险的能力。

保险合同是指投保人与保险人依法约定保险权利义务的协议。投保人是指与保险人订立保险合同，并按照保险合同负有支付保险义务的当事人。保险人是指与投保人订立保险合同，并承担赔偿或者给付保险金责任的保险公司。

保险合同分为财产保险合同和人身保险合同。财产保险合同是以财产及其有关利益为标的的保险合同；人身保险合同是以人的寿命和身体为保险标的的保险合同。

（二）工程保险

工程承包业务中，通常都包含有工程保险，大多数标准合同条款都规定了必须投保的险种。水利水电工程施工一般要求投保以下工程险。

（1）工程和施工设备的保险。工程和施工设备的保险也称为"工程一切险"，是一种综合性保险。内容包括已完工的工程，在建的工程，临时工程，现场的材料、设备以及承包人的施工设备等。

（2）人员工伤事故的保险。水利水电工程师工伤事故多发行业，为了保障劳动者的合法权益，在施工合同实施期间，承包人应为其雇佣的人员投保人身意外伤害险，还可要求分包人投保其自己雇用人员的人身意外伤害险。

（3）第三者责任险（包括发包人的财产）。承包人应以承包人和发包人的共同名义投保在工地及其毗邻地带的第三者人员伤害和财产损失的第三者责任险，其保险金额由双方协商确定。此项投保不免除承包人和发包人各自应负的在其管辖区内及其毗邻地带发生的第三者人员伤害和财产损失的赔偿责任，其赔偿费用应包括赔偿费、诉讼费和其他有关费用。

一般来讲，第三方指不属于施工承包合同双方当事人的人员。但当未为发包人和监理人员专门投保时，第三方保险也包括对发包人和监理人人员由于进行施工而造成的人员伤亡和财产损失进行保险。对于领有公共交通和运输用执照的车辆事故造成的第三方的损失，不属于第三方保险范围。

六、转包与分包

（一）转包

所谓转包，是指建设工程的承包人将其承包的建设工程倒手转让给他人，使他人实际上成为该建设工程新的承包人的行为。《合同法》规定："承包人不得将其承包的全部建设工程转包给第三人或者将其承包的全部建设工程肢解以后以分包的名义分别转包给第三人。"转包行为有较大的危害性。一些单位将其承包的工程压价倒手转包给他人，从中谋取不正当利益，形成"层层转包，层层扒皮"现象，最后实际用于工程建设的费用大为减少，导致严重偷工减料；一些建设工程转包后落入不具有相应资质条件的包工队手中，留下严重的工程质量后患，甚至造成重大质量事故。从法律的角度讲，承包人擅自将其承包的工程转包，违反了法律的规定，破坏了合同关系的稳定性和严肃性。从合同法律关系上说，转包行为属于合同主体变更的行为，转包后，建设工程承包合同的承包人由原承包人变更为接受转包的新承包人，原承包人对合同的履行不再承担责任。承包人将承包的工程转包给他人，擅自变更合同主体的行为，违背了发包人的意志，损害了发包人的利益，是法律所不允许的。

下列行为均属于转包：

（1）承包人将承包的工程全部包给其他施工单位，从中提取回扣。

（2）承包人将工程的主要部分或群体工程（指结构技术要求相同的）中半数以上的单位工程分包给其他施工单位者。

（3）分包单位将承包的工程再次分包给其他施工单位者。

《水利水电土建工程施工合同条件》规定，承包人不得将其承包的全部工程转包给第三人，未经发包人同意，承包人不得转移合同中的全部或部分义务，也不得转让合同中全部或部分权利，下述情况除外：

（1）承包人的开户银行代替承包人收取合同规定的款项。

（2）在保险人已清偿了承包人的损失或免除了承包人的责任的情况下，承包人将其从任何其他责任方处获得补偿的权利转让给承包人的保险人。

（二）分包

所谓分包，是指对建设工程实行总承包的承包人，将其总承包的工程项目的某一部分或几部分，再发包给其他承包人，与其签订总承包项目下的分包合同，此时，总承包合同的承包人即为分包合同的发包人。

《合同法》规定："总承包人或者勘察、设计、施工承包人经发包人同意，可以将自己承包的部分工作交由第三人完成。第三人就其完成的工作成果与总承包人或者勘察、设计、施工承包人向发包人承担连带责任。"依法律的规定，承包人必须经发包人的同意才可以将自己承包的部分工作交由第三人完成。而且，分包人（第三人）应就其完成的工作成果与总承包人或者勘察、设计、施工承包人向发包人承担连带责任。

《合同法》还明确规定："禁止承包人将工程主体结构的施工分包给不具备相应资质的单位。禁止分包单位将其承包的工程再分包。建设工程主体结构的施工必须由总承包人自身完成。"这就明确了三个方面：①承包人将工程分包必须分包给具有相应资质的分包人；②分包人不得将其承包的工程再分包；③建设工程主体结构的施工必须由承包人自己完成。

《水利水电土建工程施工合同条件》规定：承包人不得将其承包的工程肢解后分包出去。主体工程不允许分包；除合同另有规定外，未经监理人同意，承包人不得把工程的任何部分分包出去；经监理人同意的分包工程不允许分包人再分包出去；承包人应对其分包出去的工程以及分包人的任何工作和行为负全部责任；即使是监理人同意的部分分包工作，亦不能免除承包人按合同规定应负的责任；分包人就其完成的工作成果向发包人承担连带责任；监理人认为有必要时，承包人应向监理人提交分包合同副本。

七、工程合同变更管理

1. 变更的概念

变更是指对施工合同所做的修改、改变等。从理论上来说，变更就是施工合同状态的改变，施工合同状态包括合同内容、合同结构、合同表现形式等，合同状态的任何改变均是变更。从另一个方面来说，既然变更是对合同状态的改变，就说明变更不能超出合同范围。当然，对于具体的工程施工合同来说，为了便于约定合同双方的权利义务关系，便于处理合同状态的变化，对于变更的范围和内容一般均要做出具体的规定。水利水电土建工程受自然条件等外界因素的影响较大，工程情况比较复杂，且在招标阶段未完成施工图纸，因此在施工合同签订后的实施过程中不可避免地会发生变更。

2. 变更的组织

变更涉及的工程参建方很多，但主要是发包人、监理人和承包人三方，或者说均通过该三方来处理，其中监理人是变更管理的中枢和纽带，无论是何方要求的变更，所有变更均需要通过监理人发布变更令来实施。《水利水电土建工程施工合同条件》明确规定："没有监理人的指示，承包人不得擅自变更；监理人发布的合同范围内的变更，承包人必须实施；发包人要求的变更，也要通过监理人来实施。"

3. 变更的范围和内容

在履行合同过程中，监理人可根据工程的需要并按发包人的授权指示承包人进行各种类型的变更。变更的范围和内容如下：

（1）增加或减少合同中任何一项工作内容。

（2）增加或减少合同中关键项目的工程量超过专用合同条款规定的百分比。

（3）取消合同中任何一项工作。

（4）改变合同中任何一项工作的标准或性质。

（5）改变工程建筑物的形式、基线、标高、位置或尺寸。

（6）改变合同中任何一项工程的完工日期或改变已批准的施工顺序。

（7）追加为完成工程所需的任何额外工作。

需要说明的是，以上范围内的变更项目未引起工程施工组织和进度计划发生实质性变动和不影响其原定的价格时，不予调整该项目单价和合价，也不需要按变更处理的原则处理。监理人无权发布不属于本合同范围内的工程变更指令，否则承包人可以拒绝，变更若引起工程性质有很大的变动，应重新订立合同。

4. 变更工作程序

变更工作程序如图 4-1 所示。

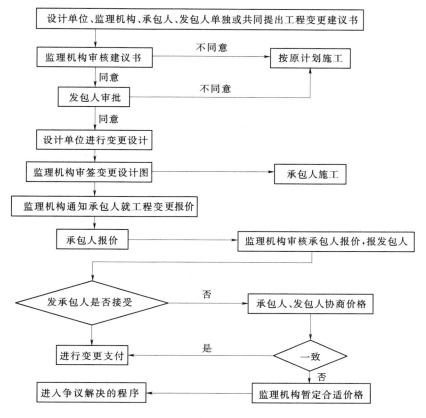

图 4-1　变更工作程序图

八、工程索赔管理

1. 索赔的概念

"索赔"一词已日渐深入到社会经济生活的各个领域,为人们所熟悉。同样,在履行建设工程合同过程中,也常常发生索赔的情况。施工索赔是指在工程的建筑、安装阶段,建设工程合同的一方当事人因对方不履行合同义务或应由对方承担的风险事件发生而遭受的损失,向对方提出的赔偿或者补偿的要求。在工程建设各个阶段,都有可能发生索赔,但在施工阶段发生较多。对施工合同的双方当事人来说,都有通过索赔来维护自己的合法利益的权利,依据双方约定的合同责任,构成正确履行合同义务的制约关系。在工程施工索赔实践中,习惯上一般把承包人向发包人提出的赔偿或补偿要求称为索赔,把发包人向承包人提出的赔偿或补偿要求称为反索赔。

2. 索赔的特征

索赔主要有以下几个方面的特征:

(1) 主体双向特性。索赔是合同赋予当事人双方具有法律意义的权利主张,其主体是双向的。索赔的性质属于补偿行为,是合同一方的权利要求,不是惩罚,也不意味着赔偿一方一定有过错,索赔的损失结果和被索赔人的行为不一定存在法律上的因果关系。

(2) 合法特性。索赔必须以法律或合同为依据。不论承包人向发包人提出索赔,还是发包人向承包人提出索赔,要使索赔成立,必须要有法律依据或合同依据,否则索赔不成立。

(3) 客观特性。索赔必须建立在损害后果已客观存在的基础上,不论是经济损失或权利损害,受损害方才能向对方索赔。经济损失是指因对方因素造成合同外额外支出,如人工费、材料费、机械费、管理费等额外开支;权利损害是指虽然没有经济上的损失,但造成乙方权利上的损害,如由于恶劣气候条件对工程进度的不利影响,承包人有权要求工期延长等。因此,发生了实际的经济损失或权利损害是一方提出索赔的基本前提条件。

(4) 合理特性。索赔应符合索赔事件发生的实际情况,无论是索赔工期或是索赔费用,要求索赔计算应合理,即符合合同规定的计算方法和计算基础,符合一般的工程惯例,索赔事件的影响和索赔值之间有直接的因果联系,合乎逻辑。

(5) 形式特性。索赔应采用书面形式,包括索赔意向通知、索赔报告、索赔处理意见等,均应采用书面形式。索赔的内容和要求应该明确而肯定。

(6) 目的特性。索赔的结果一般是索赔方获得补偿。索赔要求通常有两个:工期,即合同工期的延长;费用补偿,即通过要求费用补偿来弥补自己遭受的损失。

3. 索赔的原因

水利水电工程大多数都规模大、工期长、结构复杂,在施工过程中,由于受到水文气象、地质条件的变化影响,以及规划设计变更和人为干扰,在工程项目的建设工期、工程造价、工程质量等方面都存在着变化的诸多因素。因此,超出工程施工合同条件的事项可能很多,这必然为工程的施工承包人提供了众多的索赔机会。造成索赔的原因通常有:工期延误,加速施工,增加或减少工程量,地质条件变化,工程变更,暂停施工,施工图纸拖延交付,迟延支付工程款,物价波动上涨,不可预见和意外风险,法规变化,发包人违约，合同文件缺陷等。

4. 索赔的程序

根据《水利水电土建工程施工合同条件》的规定，承包人向发包人提出索赔要求一般按以下程序进行：

（1）提交索赔意向书。索赔事件发生后，承包人应在索赔事件发生后的 28 天前向监理人提交索赔意向书，声明将对此事件提出索赔，一般要求承包人应在索赔意向书中简要写明索赔依据的合同条款、索赔事件发生时间和地点，提出索赔意向。该意向书是承包人就具体的索赔事件向监理人和发包人表示的索赔愿望和要求。如果超过这个期限，监理人和发包人有权拒绝承包人的要求。索赔事件发生后，承包人有义务做好现场施工的同期记录，监理人有权随时检查和调阅，以判断索赔事件造成的实际损害。

（2）提交索赔申请报告。索赔意向书提交后的 28 天内，或监理人可能同意的其他合理时间，承包人应提交正式的索赔申请报告。索赔申请报告的内容应包括：索赔事件的综合说明，索赔的依据，索赔要求补偿的款项和工期延长的天数的详细计算，对其权益影响的证据资料，包括施工日志、会议记录、来往函件、工程照片、气候记录等有关资料。对于索赔报告，一般应文字简洁、事件真实、依据充分、责任明确、条例清楚、逻辑性强、计算准确、证据确凿。

（3）提交中期索赔报告。如果索赔事件继续发展或继续产生影响，承包人应按监理人要求的合理时间间隔（一般为 28 天）列出索赔累计金额和提交中期索赔申请报告。

（4）提交最终索赔申请报告。在该项索赔事件的影响结束后的 28 天内，承包人向监理人和发包人提交最终索赔申请报告，提出索赔论证资料、延续记录和最终索赔金额。

承包人发出索赔意向书，可以在监理人指示的其他合理时间内再报送正式索赔报告，也就是说，监理人在索赔事件发生后有权不马上处理该项索赔。但承包人的索赔意向书必须在索赔事件发生后的 28 天内提出，包括因对变更估价双方不能取得一致的意见，而先按监理人单方面决定的单价或价格执行时，承包人提出的索赔权利的意向书。如果承包人未能按时间规定提出索赔意向和索赔报告，此时他所受到损害的补偿，将不超过监理人认为应主动给予的补偿额。

第三节　合同实施与管理

一、合同实施管理体系

由于现代工程的特点，使得施工中的合同管理极为困难和复杂，日常的事务性工作极多。为了使工作有秩序、有计划地进行，必须建立工程承包合同实施保证体系。其主要内容包括如下几个方面。

（一）建立合同管理工作程序

为了协调好各方面的工作，使合同管理工作程序化、规范化，应订立如下几个方面的工作程序。

1. 定期和不定期的协商会办制度

在工程过程中，业主、工程师和各承包商之间，承包商和分包商之间以及承包商的项目管理职能人员和各工程小组负责人之间都应有定期的协商会办。通过会办可以解决以下问题：

（1）检查合同实施进度和各种计划落实情况。

（2）协调各方面的工作，对后期工作做出安排。

（3）讨论和解决目前已经发生的和以后可能发生的各种问题，并做出相应的决议。

（4）讨论合同变更问题，做出合同变更决议，落实变更措施，决定合同变更的工期和费用补偿数量等。

承包商与业主，总包和分包之间会谈中的重大议题和决议，应用会谈纪要的形式确定下来。各方签署的会谈纪要，作为有约束力的合同变更，是合同的一部分。合同管理人员负责会议资料的准备，提出会议的议题，起草各种文件，提出对问题解决的意见或建议，组织会议，会后起草会谈纪要，对会谈纪要进行合同方面的检查。

对工程中出现的特殊问题可不定期地召开特别会议讨论解决方法，这样保证合同实施一直得到很好的协调和控制。

同样，承包商的合同管理人员，成本、质量（技术）、进度、安全、信息管理人员都必须在现场工作，他们之间应经常进行沟通。

2. 监理合同实施工作程序

对于一些经常性工作应订立工作程序，使大家有章可循，合同管理人员也不必进行经常性的解释和指导，如图纸审批程序，工程变更程序，承（分）包商的索赔程序，承（分）包商的账单审查程序，材料、设备、隐蔽工程、已完工程的检查验收程序，工程进度付款账单的审查批准程序，工程问题的请示报告程序等。

这些程序在合同中一般都有总体规定，在这里必须细化、具体化，在程序上更为详细，并落实到具体人员。

（二）建立文档系统

首先，在合同实施过程中，业主、承包商、工程师、业主的其他承包商之间有大量的信息交往。承包商的项目经理部内部的各个职能部门（或人员）之间也有大量的信息交往。作为合同责任，承包商必须及时向业主（工程师）提交各种信息、报告、请示。这些是承包商证明其工程实施状况（完成的氛围、质量、进度、成本等），并作为继续进行工程实施、请求付款、获得赔偿、工程竣工的条件。

其次，在招标投标和合同实施过程中，承包商做好现场记录，并保存记录是十分重要的。许多承包商忽视这项工作，不喜欢文档工作，最终削弱了自己的合同地位，损害自己的合同权益，特别妨害索赔和争执的有利解决。最常见的问题有：附加工作未得到书面确认，变更指令不符合规定，错误的工作量测量结果、现场记录、会谈纪要未及时反对，重要的资料未能保存，业主违约未能用文字或信函确认等。在这种情况下，承包商在索赔及争执解决中取胜的可能性是极小的。

人们忽视记录及信息整理和储存工作是因为许多记录和文档在当时看来是没有价值的，而且其工作又是十分琐碎的。如果工程一切顺利，双方不产生争执，一般大量的记录确实没有价值，而且这项工作十分麻烦，花费不少。

但实践证明，任何工程都会有这样或那样的风险，都可能产生争执，甚至会有重大的争执，"一切顺利"的可能性极小，到那时就会用到大量的证据。

当然信息管理不仅仅是为了解决争执，它在整个项目管理中有更为重要的作用。它已是现代项目管理重要的组成部分。但在现代承包工程中常常有如下现象存在：

（1）施工现场也有许多表格，但是大家都不重视它们，不喜欢文档工作，对日常工作不记录，也没有安排专门人员从事这项工作。例如在施工日志上，经常不填写，或仅仅填写"一切正常"、"同昨日"、"同上"等，没有实质性内容或有价值的信息。

（2）文档系统不全面，不完整，不知道哪些该记，哪些该保存。

（3）不保存，或不妥善地保存工程资料。在现场办公室内到处是文件，由于没有专人保管，有些日志、文件就可能被丢失、损坏等。

许多项目管理者嗟叹，在一个工程中文件太多，面太广，资料工作台繁杂，做不好。常常在管理者面前有一大堆文件，但要查找一份需要用的文件却要花费许多时间。

最后，合同管理人员负责各种合同资料和工程资料的收集、整理和保存，这是一项非常繁琐和复杂的工作，要花费大量的时间和精力。工程原始资料在合同实施过程中产生，它必须由各职能人员、工程小组负责人、分包商提供。应将责任明确地落实下去：

（1）各种数据、资料的标准化，如各种文件、报表、单据等应有规定的格式和规定的数据结构要求。

（2）将原始资料收集整理的责任落实到人，由他对资料负责。资料的收集工作必须落实到工程现场，必须对工程小组负责人和分包商提出具体的要求。

（3）各种资料的提供时间要求。

（4）准确性要求。

（5）监理工程资料的文档系统等。

（三）工程过程中严格的检查验收制度

承包商有自我管理工程质量的责任。承包商应根据合同中的规范、设计图纸和有关标准采购材料和设备，并提供产品合格证明，对材料和设备质量负责，达到工程所在国法定的质量标准（规范要求）的基本要求。如果合同文件对材料的质量要求没有明确的规定，则材料应具有良好的质量，合理地满足用途和工程目的。

合同管理人员应主动地抓好工程和工作质量，做好全面质量管理工作，建立一整套质量检查和验收制度，例如：每道工序结束应由严格的检查和验收；工序之间、工程小组之间应有交接制度；材料进场和使用应有一定的检验措施；隐蔽工程的检查制度等。

防止由于承包商自己的工程质量问题造成被工程师检查验收不合格，试生产失败而承担违约责任。在工程中，由此引起的返工、窝工损失，工期的拖延应由承包商自己负责，得不到赔偿。

（四）建立报告和行文制度

承包商和业主、工程师、分包商之间的沟通都应以书面形式进行，或以书面形式作为最终依据。这是合同的要求，也是法律的要求，也是工程管理的需要。在实际工作中这项工作特别容易被忽略。报告和行文制度包括如下几方面内容：

（1）定期的工程实施情况报告，如日报、周报、旬报、月报等。应规定报告内容、格式、报告方式、时间以及负责人。

（2）工程过程中发生的特殊情况及其处理的书面文件，如特殊的气候条件，工程环境的变化等，应有书面记录，并由工程师签署。对在工程中合同双方的任何协商、意见、请示、指示等都应落实在纸上，尽管天天见面，也应养成书面文字交往的习惯，相信"一字千金"，切不可相信"一诺千金"。

在工程中，业主、承包商和工程师之间要保持经常联系，出现问题应经常向工程师请示、汇报。

（3）工程中所涉及双方的工程活动，如材料、设备、各种工程的检查验收，场地、图纸的交接，各种文件（如会议纪要、索赔和反索赔报告、账单）的交接，都应有相应的手续，应有签收证据。这样双方的各种工程活动才有根有据。

二、合同交底管理

合同和合同分析的资料是工程实施的依据。合同分析后，应对项目管理人员和各工程小组负责人进行"合同交底"，把合同责任具体地落实到各负责人和合同实施的具体工作上。

（1）"合同交底"，就是组织大家学习合同和合同总体分析结果，对合同的主要内容做出解释和说明，使大家熟悉合同中的主要内容、各种规定、管理程序，了解承包商的合同责任和工程范围，各种行为的法律后果等，使大家都树立全局观念，工作协调一致，避免在执行中的违约行为。

1）在我国传统的施工项目管理系统中，人们十分注重"图纸交底"工作，但却没有"合同交底"工作，所以项目经理部和各工程小组对项目的合同体系、合同基本内容不甚了解。我国工程管理者和技术人员有十分牢固的"按图施工"的观念，这并不错，但在现代市场经济中必须转变到"按合同施工"上来，特别是在工程使用非标准的合同文本或项目经理不熟悉的合同文本时，这个"合同交底"工作就显得尤为重要。

2）在我国的许多工程承包企业，工程投标工作主要是由企业职能部门承担的，合同签订后再组织项目经理部。项目经理部的许多人员并没有参与投标过程，不熟悉合同的内容、合同签订过程和其中的许多环节，以及业主的许多软信息。所以合同交底又是向项目经理部介绍合同签订的过程和其中的各种情况的过程，是合同签订的资料和信息的移交过程。

3）合同交底又是人员的培训过程和各职能部门的沟通过程。

4）通过合同交底，使项目经理部对本工程的项目管理规则、运行机制有清楚的了解。同时加强项目经理部与企业的各个部门的联系，加强承包商与分包商、业主、设计单位、咨询单位（项目管理公司和监理单位）、供应商的联系。

这样能使承包商的整个企业和整个项目部对合同的责任、沟通和协调规则及过程实施计划的安排有十分清楚的，同时又是一致的理解。这些都是合同交底的内容。

（2）将各种合同实施工作责任分解落实到各工程小组或分包商。使他们对合同实施工作表（任务单，分包合同）、施工图纸、设备安装图纸、详细的施工说明等，有十分详细的了解，并对工程实施的技术和法律问题进行解释和说明，如工程的质量、技术要求和实施中的注意点、工期要求、消耗标准、相关事件之间的搭接关系、各工程小组（分包商）责任界限的划分、完不成责任的影响和法律后果等。

（3）在合同实施前与其他相关的各方面，如业主、监理工程师、承包商沟通，召开协调会议，落实各种安排。在现代工程中，合同双方有互相合作的责任。包括：

1）互相提供服务、设备和材料。

2）及时提交各种表格、报告、通知。

3）提交质量体系文件。

4）提交进度报告。

5）避免对实施过程和对对方的干扰。

6）现场保安，保护环境等。

7）对对方明显的错误提出预先警告，对其他方（如水电气部门）的干扰及时报告。

但这些在更大程度上是承包商的责任。因为承包商是工程合同的具体实施者，是有经验的。合同规定，承包商对设计单位、业主的其他承包商，指定分包承担协调责任，对业主的工作（如提供指令、图纸、场地等），承包商负有预先告知，及时配合，对可能出现的问题提出意见、建议和警告的责任。

（4）合同责任的完成必须通过其他经济手段来保证。对分包商，主要通过分包合同确定双方的责、权、利关系，保证分包商能及时地按质按量地完成合同责任。如果出现分包商违约行为，可对他进行合同处罚和索赔。对承包商的工程小组可通过内部的经济责任制来保证。在落实工期、质量、消耗等目标后，应将它们与工程小组经济利益挂钩，建立一整套经济奖惩制度，以保证目标的实现。

三、合同终止

合同关系是反映财产流转关系，是一种有着产生、变化和消灭的动态过程。合同终止就是反映合同消灭制度的，因而又称为合同的消灭。所谓合同的终止，是指因一定事由的产生或者出现而使合同权利义务归于消灭。所谓合同终止，是指因一定事由的产生或者出现而使合同不复存在。《合同法》第 6 章将合同的终止称为"合同的权利义务终止"。

合同终止后，合同权利或债务也随之消灭。如抵押权、质权等担保方面的从属于主债权的权利，随主债权的消灭而消灭。

《合同法》规定，有下列情形之一的，合同的权利义务终止：

（1）债务已经按照约定履行。合同所规定的权利义务履行完毕，合同的权利义务自然终止，这是合同的权利义务终止的正常状态。

（2）合同解除。合同有效成立后，通过协议解除或者单方解除从而使合同效力终止。

（3）债务相互抵消。抵消是指二人互负债务时，各以其债权充当债务之偿债，而使其债务与对方的债务在对等额内相互消灭。抵消既消灭了互负的债务，也消灭了互享的债权，因此抵消是合同之债消灭的原因。抵消必须具备以下条件：①双方当事人互负债务、互享债权；②双方互负债务的标的种类、品质相同；③双方互负的债务均届清偿期；④双方互负债务均不是不得抵消的债务。

（4）债务人依法将标的物提存。提存是在因债权人的原因而难以交付合同标的物时，将该标的物提交给提存机关而消灭合同的行为。债务人将标的物依法提存后，即发生债务消灭、合同关系消灭的后果。因此，提存是合同消灭的原因。

在下列情况下债务人可以将标的物提存：①债权人无正当理由拒绝受领；②债权人下

落不明；③债权人死亡而未确定继承人；④债权人丧失行为能力而未确定监护人；⑤法律规定的其他情形。

标的物不适于提存或者提存费用过高的，债务人依法可以拍卖或者变卖标的物，提存所得的价款。标的物提存后，毁坏、灭失的风险由债权人承担。提存期间标的物的孳息归债权人所有，提存费用由债权人负担。

（5）债权人免除债务。免除是指债权人抛弃债权从而发生债务消灭的单方行为。因债权人抛弃债权，债务人的债务得以免除，合同关系归于消灭，因而免除是合同终止的一种方法。

（6）债权债务同归一人。债权和债务同归于一人的，合同的权利义务终止，但涉及第三人利益的除外。

（7）法律规定或者当事人约定终止的其他情形。合同的权利义务因法律规定或者当事人约定而终止，如一方当事人为公民的债，该公民死亡，又无继承人及遗产，则合同终止。双方当事人协商一致也可以使合同的权利义务终止。

四、合同评价

按照合同全生命期控制要求，在合同执行后必须进行合同后评价，将合同签订和执行过程中的利弊得失、经验教训总结出来，作为以后工程合同管理的借鉴。

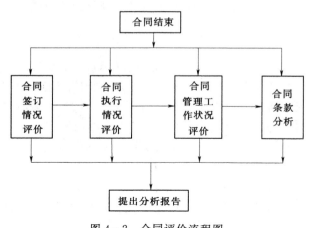

图4-2　合同评价流程图

由于合同管理工作比较偏重于经验，只有不断总结经验，才能不断提高管理水平，才能通过工程不断培养出高水平的合同管理者，所以这项工作十分重要。但现在人们还不重视这项工作，或尚未有意识、有组织地做这项工作。

合同实施后的评价工作包括的内容和工作流程如图4-2所示。

（1）合同签订情况评价，包括：

1）预定的合同战略和策划是否正确，是否已经顺利实现。

2）招标文件分析和合同风险分析的准确程度。

3）该合同环境调查，实施方案，工程预算以及报价方面的问题及经验教训。

4）合同谈判中的问题及经验教训，以后签订同类合同应注意的地方。

5）各个相关合同之间的协调问题等。

（2）合同执行情况评价，包括：

1）本合同执行战略是否正确，是否符合实际，是否达到预想结果。

2）在本合同执行中出现了哪些特殊情况，应采取什么措施防止、避免或减少损失。

3）合同风险控制的利弊得失。

4）各个相关合同在执行中协调的问题等。

（3）合同管理工作评价。这是对合同管理本身，如工作职能、程序、工作成果的评价，包括：

1）合同管理工作对工程项目的总体贡献或影响。

2）合同分析的准确程度。

3）在投标报价和工程实施中，合同管理子系统与其他职能的协调问题，需要改进的地方，合同控制中的程序改进要求。

4）索赔处理和纠纷处理的经验教训等。

（4）合同条款分析，包括：

1）本合同的具体条款，特别对本工程有重大影响的合同条款的表达和执行利弊得失。

2）本合同签订和执行过程中所遇到的特殊问题的分析结果。

3）对具体的合同条款如何表达更为有利等。

第四节　施工现场成本管理

一、施工项目成本的含义

施工项目成本是指施工企业以施工项目作为成本核算对象，在施工过程中所耗费的生产资料转移价值和劳动者的必要劳动所创造的价值的货币形式，即某施工项目在施工中所发生的全部生产费用总和。它包括完成该项目所发生的直接工程费、措施费、规费、管理费。

施工项目成本不包括劳动者为社会所创造的价值（如税金和计划利润），也不应包括不构成施工项目价值的一切非生产支出。

施工项目成本是企业的产品成本，亦称工程成本，一般以项目的单位工程作为成本核算对象，通过各单位工程成本核算的综合来反映施工项目成本。

二、施工项目成本的构成

施工项目成本包含直接成本和间接成本两大部分（表4-1）。直接成本是指施工过程中直接耗费的构成工程实体或有助于工程形成的各项支出；间接成本是指施工企业为施工准备、组织和管理施工生产所发生的全部施工间接费用支出。

（一）直接成本

直接成本由直接工程费和措施费组成。

1. 直接工程费

直接工程费指施工过程中耗费的构成工程实体的各项费用，包括人工费、材料费、施工机械使用费。

（1）人工费。是指直接从事建筑安装工程施工的生产工人开支的各项费用，内容包括：

1）基本工资：是指发放给生产工人的基本工资。

2）工资性补贴：是指按规定标准发放的物价补贴，煤、燃气补贴，交通补贴，住房补贴，流动施工津贴等。

3）生产工人辅助工资：是指生产工人年有效施工天数以外非作业天数的工资，包括职工学习、培训期间的工资，调动工作、探亲、休假期间的工资，因气候影响的停工工资，女工哺乳时间的工资，病假在六个月以内的工资及产、婚、丧假期的工资。

4）职工福利费：是指按规定标准计提的职工福利费。

5）生产工人劳动保护费：是指按规定标准发放的劳动保护用品的购置费及修理费，工人服装补贴，防暑降温费，在有碍身体健康环境中施工的保健费用等。

（2）材料费。是指施工过程中耗费的构成工程实体的原材料、辅助材料、构配件、零件、半成品的费用。内容包括：

1）材料原价（或供应价格）。

2）材料运杂费：是指材料自来源地运至工地或指定堆放地点所发生的全部费用。

3）运输损耗费：是指材料在运输装卸过程中不可避免的损耗。

4）采购及保管费：是指为组织采购、供应和保管材料过程中所需要的各项费用。它包括采购费、仓储费、工地保管费、仓储损耗。

5）检验试验费：是指对建筑材料、构件和建筑安装物进行一般鉴定、检查所发生的费用，包括自设试验室进行试验所耗用的材料和化学药品等费用。不包括新结构、新材料的试验费和建设单位对具有出厂合格证明的材料进行检验，对构件做破坏性试验及其他特殊要求检验试验的费用。

（3）施工机械使用费。是指施工机械作业所发生的机械使用费以及机械安拆费和场外运费。

施工机械台班单价应由下列7项费用组成：

1）折旧费：指施工机械在规定的使用年限内，陆续收回其原值及购置资金的时间价值。

2）大修理费：指施工机械按规定的大修理间隔台班进行必要的大修理，以恢复其正常功能所需的费用。

3）经常修理费：指施工机械除大修理以外的各级保养和临时故障排除所需的费用。包括为保障机械正常运转所需替换设备与随机配备工具附具的摊销和维护费用，机械运转中日常保养所需润滑与擦拭的材料费用及机械停滞期间的维护和保养费用等。

4）安拆费及场外运费：安拆费指施工机械在现场进行安装与拆卸所需的人工、材料、机械和试运转费用以及机械辅助设施的折旧、搭设、拆除等费用；场外运费指施工机械整体或分体自停放地点运至施工现场或由一施工地点运至另一施工地点的运输、装卸、辅助材料及架线等费用。

5）人工费：指机上司机（司炉）和其他操作人员的工作日人工费及上述人员在施工机械规定的年工作台班以外的人工费。

6）燃料动力费：指施工机械在运转作业中所消耗的固体燃料（煤、木柴）、液体燃料（汽油、柴油）及水、电等。

7）养路费及车船使用税：指施工机械按照国家规定和有关部门规定应缴纳的养路费、车船使用税、保险费及年检费等。

2. 措施费

措施费指为完成工程项目施工，发生于该工程施工前和施工过程中非工程实体项目的费用。它包括以下内容：

（1）环境保护费：是指施工现场为达到环保部门要求所需要的各项费用。

（2）文明施工费：是指施工现场文明施工所需要的各项费用。

（3）安全施工费：是指施工现场安全施工所需要的各项费用。

（4）临时设施费：是指施工企业为进行建筑工程施工所必须搭设的生活和生产用的临时建筑物、构筑物和其他临时设施费用等。临时设施包括：临时宿舍、文化福利及公用事业房屋与构筑物，仓库、办公室、加工厂以及规定范围内道路、水、电、管线等临时设施和小型临时设施。临时设施费用包括临时设施的搭设、维修、拆除费或摊销费。

（5）夜间施工费：是指因夜间施工所发生的夜班补助费，夜间施工降效、夜间施工照明设备摊销及照明用电等费用。

（6）二次搬运费：是指因施工场地狭小等特殊情况而发生的二次搬运费用。

（7）大型机械设备进出场及安拆费：是指机械整体或分体自停放场地运至施工现场或由一个施工地点运至另一个施工地点，所发生的机械进出场运输及转移费用及机械在施工现场进行安装、拆卸所需的人工费、材料费、机械费、试运转费和安装所需的辅助设施的费用。

（8）混凝土、钢筋混凝土模板及支架费：是指混凝土施工过程中需要的各种钢模板、木模板、支架等的支、拆、运输费用及模板、支架的摊销（或租赁）费用。

（9）脚手架费：是指施工需要的各种脚手架搭、拆、运输费用及脚手架的摊销（或租赁）费用。

（10）已完工程及设备保护费：是指竣工验收前对已完工程及设备进行保护所需费用。

（11）施工排水、降水费：是指为确保工程在正常条件下施工，采取各种排水、降水措施所发生的各种费用。

（二）间接成本

间接成本由规费、企业管理费组成。

1. 规费

规费指政府和有关权力部门规定必须缴纳的费用（简称规费）。包括：

（1）工程排污费：是指施工现场按规定缴纳的工程排污费。

（2）工程定额测定费：是指按规定支付工程造价（定额）管理部门的定额测定费。

（3）社会保障费，包括：

养老保险费：是指企业按规定标准为职工缴纳的基本养老保险费。

失业保险费：是指企业按照国家规定标准为职工缴纳的失业保险费。

医疗保险费：是指企业按照规定标准为职工缴纳的基本医疗保险费。

（4）住房公积金：是指企业按规定标准为职工缴纳的住房公积金。

（5）危险作业意外伤害保险：是指按照《建筑法》规定，企业为从事危险作业的建筑安装施工人员支付的意外伤害保险费。

2. 企业管理费

企业管理费指建筑安装企业组织施工生产和经营管理所需费用。内容包括：

（1）管理人员工资：是指管理人员的基本工资、工资性补贴、职工福利费、劳动保护费等。

（2）办公费：是指企业管理办公用的文具、纸张、账表、印刷、邮电、书报、会议、水电、烧水和集体取暖（包括现场临时宿舍取暖）用煤等费用。

（3）差旅交通费：是指职工因公出差、调动工作的差旅费、住勤补助费，市内交通费和误餐补助费，职工探亲路费，劳动力招募费，职工离退休、退职一次性路费，工伤人员就医路费，工地转移费以及管理部门使用的交通工具的油料、燃料、养路费及牌照费。

（4）固定资产使用费：是指管理和试验部门及附属生产单位使用的属于固定资产的房屋、设备仪器等的折旧、大修、维修或租赁费。

（5）工具用具使用费：是指管理使用的不属于固定资产的生产工具、器具、家具、交通工具和检验、试验、测绘、消防用具等的购置、维修和摊销费。

（6）劳动保险费：是指由企业支付离退休职工的易地安家补助费、职工退职金、六个月以上的病假人员工资、职工死亡丧葬补助费、抚恤费、按规定支付给离休干部的各项经费。

（7）工会经费：是指企业按职工工资总额计提的工会经费。

（8）职工教育经费：是指企业为职工学习先进技术和提高文化水平，按职工工资总额计提的费用。

（9）财产保险费：是指施工管理用财产、车辆保险。

（10）财务费：是指企业为筹集资金而发生的各种费用。

（11）税金：是指企业按规定缴纳的房产税、车船使用税、土地使用税、印花税等。

（12）其他：包括技术转让费、技术开发费、业务招待费、绿化费、广告费、公证费、法律顾问费、审计费、咨询费等。

表 4 - 1　　　　　　　　　　施工项目成本的构成

直接成本	直接工程费	人工费
		材料费
		施工机械使用费
	措施费	环境保护费、文明施工费、安全施工费
		临时设施费、夜间施工费、二次搬运费
		大型机械设备进出场及安装费
		混凝土、钢筋混凝土模板及支架费
		脚手架费、已完成工程及设备保护费、施工排水费、降水费
间接成本	规费	工程排污费、工程定额测定费、住房公积金
		社会保障费，包括养老、失业、医疗保险费
		危险作业意外保险费
	管理费	管理人员工资、办公费、差旅交通费、工会经费
		固定资产使用费、工具用具使用费、劳动保险费
		职工教育经费、财产保险费、财务费
		税金及其他

三、施工项目成本的主要形式

施工项目成本根据管理的需要，按照不同的划分标准有多种表现形式。

1. 按成本发生的时间

施工项目按成本发生的时间可分为承包成本、计划成本和实际成本。

（1）预算成本。工程预算成本是根据施工预算定额编制的，是施工企业投标报价的基础。预算定额是完成规定计量单位分项工程计价的人工、材料和机械台班消耗的数量标准。

（2）承包成本。承包成本是指业主与承包商在合同文件中确定的工程价格，即合同价，是项目经理部确定计划成本和目标成本的主要依据。

（3）计划成本。计划成本是指在项目经理领导下组织施工、充分挖掘潜力、采取有效的技术措施和加强管理与经济核算的基础上，预先确定的工程项目的成本目标。它是根据合同价以及企业下达的成本降低指标，在成本发生前预先计算的，反映了企业在计划期内应达到的成本水平，有助于加强企业和项目经理部的经济核算，建立和健全成本责任制，控制生产费用，降低施工项目成本，提高经济效益。

（4）实际成本。实际成本是施工项目在报告期内通过会计核算计算出的实际发生的各项生产费用总和。实际成本可以反映施工企业的成本管理水平，它受到企业本身的生产技术、施工条件、项目经理部组织管理水平以及企业生产经营管理水平的制约。

2. 按生产费用与工程量的关系

（1）固定成本。固定成本是指在一定的期间和一定的工程量范围内，其发生的成本额不受工程量增减变动的影响而相对固定的成本，如折旧费、大修理费、管理人员工资、办公费、照明费等。这一成本是为了保持企业一定的生产经营条件而发生的，一般来说每年基本相同；但是，当工程量超过一定范围则需要增添机械设备和管理人员时，固定成本将会发生变动。此外，所谓固定是就其总额而言的，至于分配到每个项目单位工程量上的固定费用，则是变动的。

（2）变动成本。变动成本是指发生总额随着工程量的增减变动而成正比例变动的费用，如直接用于工程的材料费、实行计件工资制的人工费等。所谓变动也是就其总额而言的，至于单位分项工程上的变动费用，往往是不变的。

3. 按施工项目成本费用目标

（1）生产成本。生产成本是指完成某工程项目所必须消耗的费用。

（2）质量成本。质量成本是指施工项目部为保证和提高建筑产品质量而发生的一切必要的费用，以及因未到达质量标准而蒙受的经济损失。

（3）工期成本。工期成本是指施工项目部为实现工期目标或合同工期而采取相应措施所发生的一切必要费用以及工期索赔等费用的总和。

（4）不可预见成本。不可预见成本是指施工项目部在施工生产过程中所发生的除生产成本、质量成本、工期成本之外的成本，诸如扰民费、资金占用费、人员伤亡等安全事故损失费、政府部门罚款等不可预见的费用。此项成本可能发生，也可能不发生。

4. 按成本控制要求

（1）事前成本。事前成本是指实际成本发生和工程结算之前所计算和确定的成本，带有计划性和预测性。

（2）事后成本。事后成本即实际成本，指施工项目在报告期内实际发生的各项生产费用的总和。

四、施工项目成本管理的内容

施工项目成本管理是施工项目管理系统中的一个子系统。施工项目成本管理包括成本预测、成本计划、成本控制、成本核算、成本分析和成本考核六项内容，其目的是促使施工项目系统内各种要素按照一定的目标运行，使实际成本能够控制在预定的计划成本范围内。

（1）施工项目成本预测。施工项目成本预测是通过项目成本信息和施工项目的具体情况，运用专门的方法，对未来的费用水平及其可能发展趋势做出科学的估计，其实质就是在施工以前对成本进行核算。通过成本预测，可以使项目经理部在满足建设单位和施工企业要求的前提下，选择成本低、效益好的最佳成本方案，并能够在施工项目成本形成过程中，针对薄弱环节加强成本控制，克服盲目性，提高预见性。由此可见，施工项目成本预测是施工项目成本决策与计划的依据。

（2）施工项目成本计划。施工项目成本计划是项目经理部对项目施工成本进行计划管理的工具。它是以货币形式编制施工项目在计划期内的生产成本、成本水平、成本降低率以及为降低成本所采取的主要措施和规划的书面方案，是建立施工项目成本管理责任制、开展费用控制和核算的基础。施工项目成本计划应包括从开工到竣工所必需的施工成本，它是该施工项目降低成本的指导文件，是设立目标成本的依据。

（3）施工项目成本控制。施工项目成本控制，是指在施工过程中对影响施工项目成本的各种因素加强管理，并采取各种有效措施，将施工中实际发生的各种消耗和支出严格控制在成本计划范围内。同时，随时提示并及时反馈，严格审查各项费用是否符合标准，计算实际成本和计划成本之间的差异并进行分析，消除施工中的损失浪费现象，发现和总结先进经验，通过成本控制达到预期目的和效果。

（4）成本核算。成本核算是指对施工项目所发生的成本支出和工程成本形成的核算。项目经理部应认真组织成本核算工作，它所提供的成本资料是成本分析、成本考核和成本评价以及成本预测的重要依据。

（5）成本分析。成本分析是在成本形成过程中，根据成本核算资料和其他有关资料，对施工项目成本进行分析和评价，为以后的成本预测和降低成本指明方向。成本分析要贯穿于项目施工的全过程，要将实际成本与目标成本、预算成本以及类似施工项目的实际成本等进行比较，了解成本的变动情况，检查成本计划的合理性，并深入揭示成本变动的规律，寻找降低施工项目成本的途径和潜力。

（6）成本考核。成本考核是对成本计划执行情况的总结和评价。施工项目经理部应根据现代化管理的要求，建立健全成本考核制度，定期对各部门完成的计划指标进行考核、评比，并把成本管理经济责任制和经济利益结合起来，通过成本考核有效地调动职工的积极性，为降低施工项目成本、提高经济效益作出贡献。

五、施工项目成本的计划

施工项目成本计划是以货币形式预先规定施工项目进行中的施工生产耗费的水平，确定对比项目总投资（或中标额）应实现的计划成本降低额与降低率，提出保证成本计划实施的主要措施方案。施工项目成本计划一经确定，就应按成本管理层次、有关成本项目以及项目进展的逐阶段对成本计划加以分解，层层落实到部门、班组，并制定各级成本实施方案。

施工项目成本计划是施工项目成本管理的一个重要环节，许多施工单位仅单纯重视项目成本管理的事中控制及事后考核，却忽视甚至省略了至关重要的事前计划，使得成本管理从一开始就缺乏目标。成本计划是对生产耗费进行事前预计、事中检查控制和事后考核评价的重要依据。经常将实际生产耗费与成本计划指标进行对比分析，揭露执行过程中存在的问题，及时采取措施，可以改进和完善成本管理工作，保证施工项目成本计划各项指标得以实现。

1. 成本计划编制的原则

（1）从实际出发的原则。编制成本计划必须从企业的实际情况出发，充分发掘企业内部潜力，正确选择施工方案，合理组织施工；提高劳动生产率；改善材料供应，降低材料消耗，提高机械利用率；节约施工管理费用等。使降低成本指标既积极可靠，又切实可行。

（2）与其他计划结合的原则。一方面成本计划要根据施工项目的生产、技术组织措施、劳动工资、材料供应等计划来编制；另一方面编制其他各种计划都应考虑适应降低成本的要求。因此，编制成本计划，必须与施工项目的其他各项计划如施工方案、生产进度、财务计划、材料供应及耗费计划等密切结合，保持平衡。

（3）采用先进的技术经济定额的原则。编制成本计划，必须以各种先进的技术经济定额为依据，并针对工程的具体特点，采取切实可行的技术组织措施作保证。只有这样，才能编制出既有科学根据，又有实现的可能，起到促进和激励作用的成本计划。

（4）统一领导、分级管理的原则。编制成本计划，应实行统一领导、分级管理的原则，应在项目经理的领导下，以财务、计划部门为中心，发动全体职工共同进行，总结降低成本的经验，找出降低成本的正确途径，使成本计划的制订和执行具有广泛的群众基础。

（5）弹性原则。在项目施工过程中很可能发生一些在编制计划时所未预料的变化，尤其是材料供应、市场价格千变万化。因此，在编制计划时应充分考虑各种变化因素，留有余地，使计划保持一定的适应能力。

2. 施工项目成本计划的内容

施工项目成本计划应在项目实施方案确定和不断优化的前提下编制，成本计划的编制是成本预控的重要手段。应在工程开工前编制完成，以便将计划成本目标分解落实，为各项成本的执行提供明确的目标、控制手段和管理措施。施工项目成本计划的具体内容包括：

（1）编制说明。编制说明是对工程的范围、合同条件、企业对项目经理提出的责任成本目标、项目成本计划编制的指导思想和依据等的具体说明。

（2）项目成本计划的指标。项目成本计划的指标应经过科学的分析预测确定，可以采用对比法、因素分析法等进行测定。

（3）按工程量清单列出单位工程计划成本汇总表。按工程量清单列出的单位工程计划成本汇总表见表 4-2。

表 4-2　　　　　　　　　　　　　　单位工程计划成本汇总表

序号	清单项目编码	清单项目名称	合同价格	计划成本
1				
2				
⋮				

（4）按成本性质划分的单位工程成本汇总表。根据清单项目的造价分析，分别对人工费、材料费、机械费、措施费、企业管理费和税费进行汇总，形成单位工程成本计划表。

六、施工项目成本的控制

施工项目成本控制是指在项目生产成本形成过程中，采用各种行之有效的措施和方法，对生产经营的消耗和支出进行指导、监督、调节和限制，使项目的实际成本能控制在预定的计划目标范围内，及时纠正将要发生和已经发生的偏差，以保证计划成本得以实现。

（一）施工项目成本控制的原则

1. 开源与节流相结合的原则

在成本控制中，坚持开源与节流相结合的原则，要求做到：每发生一笔金额较大的成本费用，都要查一查有无与其相对应的预算收入，是否支大于收；在经常性的分部分项工程成本核算和月度成本核算中，也要进行实际成本与预算收入的对比分析，以便从中探索成本节超的原因，纠正项目成本的不利偏差，实现降低成本的目标。

2. 全面控制原则

（1）项目成本的全员控制。项目成本是一项综合性很强的工作，它涉及项目组织中各个部门、单位和班组的工作业绩，仅靠项目经理和专业成本管理人员及少数人的努力是无法收到预期效果的，应形成全员参与项目成本控制的成本责任体系，明确项目内部各职能部门、班组和个人应承担的成本控制责任，其中包括各部门、各单位的责任网络和班组经济核算等。

（2）项目成本的全过程控制。施工项目成本的全过程控制是在工程项目确定以后，从施工准备到竣工交付使用的施工全过程中，对每项经济业务，都要纳入成本控制的轨道。使成本控制工作随着项目施工进展的各个阶段连续进行，既不疏漏，又不能时紧时松，自始至终使施工项目成本置于有效的控制之下。

3. 中间控制原则

中间控制原则又称动态控制原则。由于施工项目具有一次性的特点，应特别强调项目成本的中间控制。计划阶段的成本控制，只是确定成本目标、编制成本计划、制定成本控制方案，为今后的成本控制做好准备，只有通过施工过程的实际成本控制，才能达到降低成本的目标。而竣工阶段的成本控制，由于成本盈亏已经基本定局，即使发生了偏差，也来不及纠正了。因此，成本控制的重心应放在施工过程中，坚持中间控制的原则。

4. 节约原则

节约人力、物力、财力的消耗，是提高经济效益的核心，也是成本控制的一项最主要的基本原则。节约要从三方面入手：①严格执行成本开支范围、费用开支标准和有关财务制度，对各项成本费用的支出进行限制和监督；②提高施工项目的科学管理水平，优化施工方案，提高生产效率，节约人、财、物的消耗；③采取预防成本失控的技术组织措施，制止可能发生的浪费。做到了以上三点，成本目标就能实现。

5. 例外管理原则

在工程项目施工过程中，对一些不经常出现的问题，称之为"例外"问题。这些"例外"问题，往往是关键性问题，对成本目标的顺利完成影响很大，必须予以高度重视。如在成本管理中常见的成本盈亏异常现象，即盈余或亏损超过正常的比例；本来是可以控制的成本，突然发生的失控现象；某些暂时的节约，但有可能对今后的成本带来隐患（如由于平时机械维修费的节约，可能会造成未来的停工修理和更大的经济损失）等，都应视为"例外"问题，进行重点检查，深入分析，并采取相应的积极措施加以纠正。

6. 责、权、利相结合的原则

要使成本控制真正发挥及时有效的作用，必须严格按照经济责任制的要求，贯彻责、权、利相结合的原则。在项目施工过程中，项目经理、工程技术人员、业务管理人员以及各单位和生产班组都负有一定的成本控制责任，从而形成整个项目的成本控制责任网络。另一方面，各部门、各单位、各班组在肩负成本控制责任的同时，还应享有成本控制的权利，即在规定的权利范围内可以决定某项费用能否开支、如何开支和开支多少，以行使对项目成本的实质性控制。最后，项目经理还要对各部门、各单位、各班组在成本控制中的业绩进行定期的检查和考评，并与工资分配紧密挂钩，实行有奖有罚。实践证明，只有责、权、利相结合的成本控制，才能收到预期的效果。

（二）施工项目成本控制的依据

（1）工程承包合同。施工成本控制要以工程承包合同为依据，从预算收入和实际成本两方面，努力挖掘增收节支潜力，降低成本，获得最佳的经济效益。

（2）施工成本计划。施工成本计划是成本控制的指导性文件，是设立目标成本的依据。

（3）施工进度报告。施工进度报告提供了施工中每一时刻实际完成的工程量，施工实际成本支出，找出实际成本与计划成本之间的偏差，通过分析偏差产生的原因，采取纠偏措施，达到有效控制成本的目的。

（4）工程变更。在施工过程中，由于各方面的原因，工程变更是难免的。一旦出现工程变更，工程量、工期、成本都将发生变化，成本管理人员应随时掌握工程变更情况，按合同或有关规定确定工程变更价款以及可能带来的施工索赔等。

（三）施工现场成本控制

工程实施过程中，各生产要素被逐渐消耗掉，工程成本逐渐发生。由于施工生产对要素的消耗巨大，对它们的消耗量进行控制，对降低工程成本具有明显的意义。

1. 定额管理

定额管理一方面可以为项目核算、签订分包合同、统计实物工程量提供依据；另一方面它也是签发任务单，限额领料的依据。定额管理是消耗控制的基础，要求准确及时、真实可靠。

（1）施工中出现设计修改、施工方案改变、施工返工等情况是不可避免的，由此会引起原预算费用的增减，项目预算员应根据设计变更单或新的施工方案、返工记录及时编制增减账，并在相应的台账中进行登记。

（2）为控制分包费用，避免效益流失，项目预算人员要协调项目经理审核和控制分包单位预（结）算，避免"低进高出"，保证项目获得预期的效益。

（3）竣工决算的编制质量，直接影响到企业的收入和项目的经济效益，必须准确编制竣工结算书，按时结算的费用要凭证齐全，对与实际成本差异较大的，要进行分析、核实，避免遗漏。

（4）随着大量新材料、新工艺问世，简单地套用现有定额编制工程预算显然不行。预算人员还要及时了解新材料的市场价格，熟悉新工艺、新的施工方法，测算单位消耗，自编估价表或补充定额。

（5）项目预算人员应经常深入到现场了解施工情况，熟悉施工过程，不断提高业务素质。对由于设计考虑不周，导致施工现场进行技术处理、返工等，可以随时发现并督促有关人员及时办妥签证，作为追加预算的依据。

2. 材料费的控制

在建筑安装工程成本中，材料费约占 70% 左右，因此，材料成本是成本控制的重点。控制材料消耗费主要包括材料消耗数量的控制和材料价格的控制两个方面。为此要做好以下方面的工作：

（1）主要材料消耗定额的制定。材料消耗数量主要是按照材料消耗定额来控制。为此，制定合理的材料消耗定额是控制原材料消耗的关键。所谓消耗定额，是指在一定的生产、技术、组织条件下，企业生产单位产品或完成单位工作量所必须消耗的物资数量的标准，它是合理使用和节约物资的重要手段。材料消耗定额也是企业编制施工预算、施工组织设计和作业计划的依据，是限额领料和工程用料的标准。严格按定额控制领发和使用材料，是施工过程中成本控制的重要内容，也是保证降低工程成本的重要手段。

（2）材料供应计划管理。及时制定材料供应计划是在施工过程中做好材料管理的首要环节。项目的材料计划主要有单位工程材料总计划、材料季度计划、材料月度计划、周用料计划等。

（3）材料领发的控制。严格的材料领发制度，是控制材料成本的关键。控制材料领发的办法，主要是实行限额领料制度，用限额领料来控制工程用料。

限额领料一般由项目分管人员签发。签发时，必须按照限额领料单上的规定栏目要求填写，不可缺项；同时分清分部分项工程的施工部位，实行一个分项一个领料单制度，不能多项一单。

项目材料员收到限额领料单后，应根据预算人员提供的实物工程量与项目施工员提供的实物工程量进行对照复核，主要复核限额领料单上的工程量、套用定额、计算单位是否正确，并与单位工程的材料施工预算进行核对，如有差异，应分析原因，及时反馈。签发限额领料单的项目分管人员应根据进度的要求，下达施工任务，签发任务单，组织施工。

3. 分包控制

在总分包制组织模式下，总承包公司必须善于组织和管理分包商。要选择企业信誉好、质量管理能力强、施工技术有保证、复核资质条件的分包商，如选择不利，则意味着它将被分包商拖进困境。如果其中一家分包商拖延工期或者因质量低劣而返工，则可能引起连锁反应，影响与之相关的其他分包商的工作进程。特别是因分包商违约而中途解除分包合同，承包商将会碰到难以预料的困难。

应善于用合同条款和经济手段防止分包商违约。还要懂得做好各项协调和管理工作，使多家公司紧密配合，协同完成全部工程任务。在签订的合同条款中，要特别避免主从合同的矛盾，即总承包商和业主签订的合同与总承包商和分包商签订的合同之间产生矛盾。专项工程分包单位与总承包单位签订合同后，应严格按照合同的有关条款，约束自己的行为，配合总承包单位的施工进度，接受总承包单位的管理。总承包单位亦应在材料供应、进度、工期、安全等方面对所有分包单位进行协调。

4. 间接费控制

间接费包括规费和企业管理费，是按一定费率提取的，在工程成本中占的比重较大。在成本预控中，间接费应依据费用项目及其分配率按部门进行拆分。项目实施后，将计划值与实际发生的费用进行对比，对差异较大者给予重点分析。

应采取以下措施控制间接费的支出：

（1）提高劳动生产率，采取各种技术组织措施以缩短工期，减少间接费的支出。

（2）编制间接费支出预算，严格控制其支出。按计划控制资金支出的用量和投入的时间，使每一笔开支在金额上最合理，在时间上最恰当，并控制在计划之内。

（3）项目经理在组建项目经理班子时，要本着"精简、高效"的原则，防止人浮于事。

（4）对于计划外的一切开支必须严格审查，除应由成本控制工程师签署意见外，还应由相应的领导人员进行审批。

（5）对于虽有计划但超出计划数额的开支，也应由相应的领导人员审查和核定。

总之，精简管理机构，减少层次，提高工作质量和效率，实行费用定额管理，才能把施工管理费用的支出真正降低下来。

5. 制度控制

成本控制是企业的一项重要的管理工作，因此，必须建立和健全成本管理制度，作为成本控制的一种手段。

成本管理制度、财务管理制度、费用开支标准等规定了成本开支的标准和范围，规定了费用开支的审批手续，它们对成本能起到直接控制的作用。有的制度是对劳动管理、定额管理、仓库管理进行了系统的规定，这些规定对成本控制也能起到控制作用；有的制度是对生产技术操作进行了具体规定，生产工作人员按照这些技术规范进行操作，就能保证正常生产，顺利完成生产任务，同时也能保证工时定额和材料定额的完成，从而起到控制成本的作用；另外，还有一些制度，如责任制度和奖惩制度，也有利于促使职工努力增产节约，更好地控制成本。总之，通过各项制度，都能对成本起到控制作用。

思 考 题

4-1　合同的概念及合同法的基本原则是什么？

4-2　合同的订立从法律上分为哪两个阶段？

4-3　无效合同的情形有哪些？

4-4　合同履行的原则有哪些？

4-5　什么叫合同的抗辩权、拒绝权、代位权和撤销权？

4-6　承担违约责任的形式有哪些？

4-7　施工合同通常包括哪些文件？其优先次序是什么？

4-8　承包人的一般义务和责任包括哪些？

4-9　建设工程中风险应如何分配？

4-10　转包与分包有什么区别？

4-11　什么叫合同变更？变更的范围和内容有哪些？

4-12　索赔的概念和特征是什么？承包人向发包人索赔要按照什么程序？

4-13　什么叫合同交底？其重要性体现在哪里？

4-14　合同终止的情形有哪些？

4-15　合同执行后应如何进行合同评价？

4-16　施工项目成本的含义及构成是什么？

4-17　施工项目成本管理的内容有哪些？

4-18　施工项目成本控制的原则是什么？

第五章　施　工　现　场　技　术　管　理

技术是人类为实现社会需要而创造和发展起来的手段、方法和技能的总称，它是技术工作中技术人才、技术设备和技术资料等技术要素的综合。施工现场技术管理是对现场施工中的一切技术活动进行一系列组织管理工作的总称，技术管理是施工现场进行生产管理的重要组成部分，它的任务是对设计图纸、技术方案、技术操作、技术检验和技术革新等因素进行合理安排，保证施工过程中的各项工艺和技术建立在先进的技术基础之上，使施工过程符合技术规定要求，充分发挥材料的性能和设备的潜力，提高企业管理效益和生产率，降低成本，增强施工企业的竞争力。

第一节　施工现场技术管理制度

施工现场技术管理制度是施工现场中的一切技术管理准则的总和，施工现场技术管理制度主要包括：①图纸会审制度；②技术交底制度；③技术复核制度；④材料检验制度；⑤翻样制度；⑥工程变更制度；⑦隐蔽工程验收制度；⑧工程技术档案制度等。

一、图纸会审制度

1. 目的

施工图纸是施工和验收的主要依据之一。为使施工人员充分领会设计意图、熟悉设计内容、正确的按图施工，确保施工质量，避免返工浪费，必须在工程开工前进行图纸会审，对于施工图纸中存在的差错和不合理部分、专业之间的矛盾等，尽最大可能解决在工程开工之前，以保证工程顺利进行。

2. 会审参加人员

项目经理、项目技术负责人、专业技术人员、内业技术人员、质检员及其他相关人员。

3. 会审时间

一般应在工程项目开工前进行，特殊情况也可边开工边组织会审（如图纸不能及时供应时）。

4. 图纸会审内容

（1）施工图纸与设备、特殊材料的技术要求是否一致。

（2）设计与施工主要技术方案是否相适应。

（3）图纸表达深度能否满足施工需要。

（4）构件划分和加工要求是否符合施工能力。

（5）扩建工程新老厂及新老系统之间的衔接是否吻合，施工过渡是否可能，图纸与实际是否相符。

（6）各专业之间设计是否协调（如设备外形尺寸与基础尺寸、建筑物预留孔洞及埋件与安装图纸要求、设备与系统连接部位及管线之间相互关系等）。

（7）施工图之间和总分图之间、总分尺寸之间有无矛盾。

（8）设备布置及构件尺寸能否满足设备运输及吊装要求。

（9）设计采用的新结构、新材料、新设备、新工艺、新技术在施工技术、机具和物资供应上有无困难。

（10）能否满足生产运行安全经济的要求和检修作业的合理需要。

（11）设计能否满足设备与系统启动调试的要求。

5. 图纸会审要求

（1）图纸会审前，主持单位应事先通知参加人员熟悉图纸，准备意见，进行必要的核对和计算工作。

（2）图纸会审由主持单位做好详细记录。

（3）施工图纸及设备图纸到达现场后，应立即进行图纸会审，以确保工程质量和工程进度，避免返工和浪费。

（4）图纸会审应在单位工程开工前完成，未经图纸会审的项目，不准开工。当施工图由于客观原因不能满足工程进度时，可分阶段组织会审。

（5）外委加工的加工图由委托单位进行审核后交出。加工单位提出的设计问题，由委托单位提交设计单位解决。

（6）图纸会审后，形成图纸会审记录，较重要的或有原则性问题的记录应经监理公司、建设单位会签后，传递给设计代表，对会审中存在的问题，由设计代表签署解决意见，并按设计变更单的形式办理手续。

（7）图纸会审记录由主持单位保存并发放，施工部保存一份各专业图纸会审记录。

二、技术交底制度

在工程正式施工前，通过技术交底使参与施工的技术人员和工人，熟悉和了解所承担工程任务的特点、技术要求、施工工艺、工程难点及施工操作要点以及工程质量标准，做到心中有数。

1. 技术交底范围划分

技术交底工作应分级进行，一般按四级进行技术交底：设计单位向施工单位技术负责人进行技术交底；施工总工程师向项目部技术负责人进行交底；项目部技术负责人向各专业施工员或工长交底；施工员或工长向班组长及工人交底。施工员或工长向班组长及工人进行技术交底是最基础的一级，应结合承担的具体任务向班（组）成员交代清楚施工任务、关键部位、质量要求、操作要点、分工及配合、安全等事项。

2. 技术交底的要求

（1）除领会设计意图外，必须满足设计图纸和变更的要求，执行和满足施工规范、规程、工艺标准、质量评定标准和建设单位的合理要求。

（2）整个施工过程包括各分部分项工程的施工均须作技术交底，对一些特殊的关键部位、技术难度大的隐蔽工程，更应认真作技术交底。

（3）对易发生质量事故和工伤事故的工种和工程部位，在技术交底时，应着重强调各种事故的预防措施。

（4）技术交底必须以书面形式，交底内容字迹要清楚、完整，要有交底人、接受人签字。

（5）技术交底必须在工程施工前进行，作为整个工程和分部分项工程施工前准备工作的一部分。

3. 技术交底的内容

（1）单位工程施工组织设计或施工方案。

（2）重点单位工程和特殊分部（项）工程的设计图纸，根据工程特点和关键部位，指出施工中应注意的问题，保证施工质量和安全必须采取的技术措施。

（3）初次采用的新结构、新技术、新工艺、新材料及新的操作方法以及特殊材料使用过程中的注意事项。

（4）土建与设备安装工艺的衔接，施工中如何穿插与配合。

（5）交代图纸审查中所提出的有关问题及解决方法。

（6）设计变更和技术核定中的关键问题。

（7）冬、雨季特殊条件下施工采取的技术措施。

（8）技术组织措施计划中，技术性较强，经济效果较显著的重要项目。

（9）重要的分部（项）工程的具体部位，标高和尺寸，预埋件、预留孔洞的位置及规格。

（10）保证质量、安全的措施。

（11）现浇混凝土、承重构件支模方法、拆模时间等。

（12）预制、现浇构件配筋规格、品种、数量和制作、绑扎、安装等要求。

（13）管线平面位置、规格、品种、数量及走向、坡度、埋设标高等。

（14）技术交底记录的归档，谁负责交底，谁就负责填写交底记录并负责将记录移交给项目资料员存档。

三、技术复核制度

在施工过程中，对重要的和影响全面的技术工作，必须在分部分项工程正式施工前进行复核，以免发生重大差错，影响工程质量和使用。当复核发现差错应及时纠正方可施工。技术复核除按质量标准规定的复查、检查内容外，一般在分部分项工程正式施工前应重点检查以下项目和内容：

（1）建筑物的位置和高程。四角定位轴线（网）桩的坐标位置，测量定位的标准轴线（网）桩位置及其间距，水准点、轴线、标高等。

（2）地基与基础工程设备基础。基坑（槽）底的土质、基础中心线的位置、基础底标高和基础各部尺寸。

（3）混凝土及钢筋混凝土工程：模板的位置、标高及各分部尺寸、预埋件、预留孔的位置、标高、型号和牢固程度；现浇混凝土的配合比、组成材料的质量状况、钢筋搭接长度；预埋构件安装位置及标高、接头情况、构件强度等。

（4）砖石工程。墙身中心线、皮数杆、砂浆配合比等。

（5）屋面工程。防水材料的配合比、材料的质量等。

（6）钢筋混凝土柱、屋架、吊车梁以及特殊屋面的形状、尺寸等。

（7）管道工程。各种管道的标高及坡度。

（8）电气工程。变、配电位置，高低压进出口方向，电缆沟的位置和方向，送电方向。

（9）工业设备、仪器仪表的完好程度、数量及规格，以及根据工程需要指定的复核项目。

技术复核记录由复核工程内容的技术员负责填写，并经质检人员和项目技术负责人签署复查意见，交项目资料员进行造册登记归档。技术复核记录必须在下一道工序施工前办理完毕。

四、隐蔽工程验收制度

隐蔽工程是指在施工过程中，上一工序的工作结果将被下一工序所掩盖，是否符合质量要求，无法再次进行检查的工程部位。由于隐蔽工程在隐蔽后，如果发生质量问题，还得重新覆盖和掩盖，会造成返工等非常大的损失，为了避免资源的浪费和当事人双方的损失，保证工程质量和工程顺利完成，承包人在隐蔽工程隐蔽前，必须通知发包人及监理单位检查，检查合格后方可进行隐蔽工程。

1. 隐蔽工程检查要求

（1）凡隐蔽工程都必须组织隐蔽验收，一般隐蔽工程验收由建设单位、工程监理、施工负责人参与验收，验收合格签字后方可进行下一步工序施工。

（2）隐蔽工程检查记录是工程档案的重要内容之一，隐蔽工程经三方共同验收后，应及时填写隐蔽工程检查记录，隐蔽检查记录由技术员或该项工程施工负责人填写，工程质检员和建设单位代表共同回签。

（3）不同项目的隐蔽工程，应分别填写检查记录表。

2. 隐蔽工程项目及检查内容

（1）地基与基础工程。地质、土质情况，标高尺寸，坟、井、坑、塘的处理，基础断面尺寸，桩的位置、数量、打桩记录，人工地基的试验记录、坐标记录。

（2）钢筋混凝土工程。钢筋的品种、规格、数量、位置、形状、焊接尺寸、接头位置、除锈情况，预埋件的数量及位置，预应力钢筋的对焊、冷拉、控制应力，混凝土、砂浆标号及强度，以及材料代用等情况。

（3）.砖砌体。抗震、拉结、砖过梁配筋的部位、规格及数量。

（4）木结构工程。屋架、檩条、墙体、天棚、地下等隐蔽部位的防腐、防蛀、防菌等处理。

（5）屏蔽工程。构造及做法。

（6）防水工程。屋面、地下室、水下结构物的防水找平层的质量情况、干燥程度、防水层数，玛琋脂的软化点、延伸度、使用温度，屋面保温层做法，防水处理措施的质量。

（7）暗管工程。位置、标高、坡度、试压、通水试验、焊接、防锈、防腐、保温及预埋件等。

（8）电气线路工程。导管、位置、规格、标高、弯度、防腐、接头等，电缆耐压绝缘试验，地线、地板、避雷针的接地电阻。

（9）完工后无法进行检查、重要结构部位及有特殊要求的隐蔽工程。

3. 隐蔽工程检查记录表的填写内容

（1）单位工程名称，隐蔽工程名称、部位、标高、尺寸和工程量。

（2）材料产地、品种、规格、质量、含水率、容重、比重等。

（3）合格证及试验报告编号。

（4）地基土类别及鉴定结论。

（5）混凝土、砂浆等试块（件）强度，报告单编号，外加剂的名称及掺量。

（6）填写隐蔽工程检查记录，文字要简练、扼要，能说明问题，必要时应附三面图（平面图、立面图、剖面图）。

实践中，当工程具备覆盖、掩盖条件的，承包人（施工方）应当先进行自检，自检合格后，在隐蔽工程进行隐蔽前及时通知发包人（建设单位）或发包人派驻的工地代表及现场监理对隐蔽工程的条件进行检查，通知包括承包人的自检记录、隐蔽的内容、检查时间和地点。发包人或其派驻的工地代表接到通知后，应当在要求的时间内到达隐蔽现场，对隐蔽工程的条件进行检查，检查合格的，发包人或者其派驻的工地代表及现场监理在检查记录上签字，承包人检查合格后方可进行隐蔽施工。发包人或现场监理检查发现隐蔽工程条件不合格的，有权要求承包人在一定期限内完善工程条件，隐蔽工程条件符合规范要求，发包人及现场监理检查合格后，承包人可以进行隐蔽工程施工。

发包人及现场监理在接到通知后，没有按期对隐蔽工程条件进行检查的，承包人应当催告发包人及现场监理在合理期限内进行检查。因为发包人及现场监理不进行检查，承包人就无法进行隐蔽施工，因此承包人通知发包人及现场监理检查而又未能及时进行检查的，承包人有权暂停施工，承包人可以顺延工期，并要求发包人赔偿因此造成的停工、窝工、材料和构件积压等损失。

如果承包人未通知发包人及现场监理检查而自行进行隐蔽工程施工的，事后发包人及现场监理有权要求对已隐蔽的工程进行检查，承包人应当按照要求进行剥露，并在检查后重新隐蔽或者修复后隐蔽。如果经检查隐蔽工程不符合要求的，承包人应当返工，重新进行隐蔽，在这种情况下检查隐蔽工程所发生的费用如检查费用、返工费用、材料费用等由承包人负担，承包人还应承担工期延误的违约责任。

五、试块、试件、材料检测制度

试块、试件、材料检测就是对工程中涉及结构安全的试块、试件、材料按规定进行必要的检测。结构安全问题涉及人民财产和生命安危，施工企业必须建立健全试块、试件、材料检测制度，严把质量关，才能确保工程质量。

1. 见证取样和送检

见证取样和送检是指在建设单位或监理单位人员的见证下，由施工单位的现场试验人员对工程中涉及的结构安全的试块、试件和材料在现场取样，并送至建设行政主管部门对其资质认可的质量检测单位进行检测。见证人员应由建设单位或监理单位具有建筑施工试样知识的专业人员担任，在施工过程中，见证人员应按见证取样和送检计划，对施工现场的取样和送检进行见证，取样人员应在试样或包装上作出标志，标志应注明工程名称、取样部位、取样日期、样品名称和样品数量，并由见证人和取样人签字。见证人员应作见证记录，并将见证记录归入技术档案，见证人员和取样人员应对试样的代表性和真实性负责。

2. 必须实施见证取样的试块、试件和材料

（1）用于承重结构或重要部位的混凝土试块。

（2）用于承重墙体的砌筑砂浆试块。

（3）用于承重结构的钢筋及连接接头试件。

（4）用于承重结构的砖和混凝土小型砌块。

（5）水泥、防水材料。

（6）国家规定必须实行见证取样和送检的其他试块、试件和材料。

3. 常用材料检验项目

常用材料检验项目见表 5-1。

表 5-1　　　　　　　常 用 材 料 检 验 项 目

序号	名　　称	主　要　项　目
1	水泥	凝结时间、强度、体积安定性
2	混凝土用砂、石料	颗粒级配、含水率、含泥量、比重、孔隙率、松散容重
3	混凝土用外加剂	减水率、抗压强度比、钢筋锈蚀、凝结时间差
4	砌筑砂浆	拌和物性能、抗压强度
5	混凝土	拌和物性能、抗压强度
6	普通黏土砖、非黏土砖	强度等级
7	热轧钢筋、冷拉钢筋、型钢钢板、异型钢	拉力、冷弯
8	冷拔低碳素钢丝	拉力、反复弯曲、松弛
9	沥青防水卷材	不透水性、耐热度、吸水性、抗拉强度
10	复合土工膜	单位面积重量、梯形撕破力、断裂强度、断裂伸长率、顶破强度、渗透系数、抗渗强度
11	土石坝用土料	天然含水量、天然容重、比重、孔隙率、流限、塑限、塑限指数、饱和度、颗粒级配、渗透系数、最优含水量、内摩擦角
12	土石坝用石料	岩性、比重、容重、抗压强度、渗透性

六、施工图翻样制度

施工图翻样是施工单位为了方便施工和简化钢筋等工程的图纸内容，将施工图按施工要求绘制成施工翻样图的工作。有时由于原设计表达不清或图纸比例太小按图施工有困难或工程比较复杂等，也需要另行绘制施工翻样图。

1. 施工图翻样的作用

（1）能更好地学习和领会设计意图。

（2）有利于对施工图所注尺寸的全面核对和方便施工。

（3）便于工程用料清单的制作。

2. 施工图翻样的内容

根据工程复杂程度，一般包括以下内容：

（1）模板翻样图。对比较复杂的工程，需绘制模板大样图。

（2）钢筋翻样图。是钢筋工每天都干的工作，按图纸"翻"出各种钢筋的根数、形状、细部尺寸和每根钢筋的下料长度。

（3）委托外单位加工的构件翻样图。

（4）按分部工程和工种绘制的施工翻样图。

七、工程变更

工程变更是指在工程项目实施过程中，按照合同约定的程序对部分或全部工程在材料、工艺、功能、构造、尺寸、技术指标、工程数量及施工方法等方面所作出的改变。广义的工程变更包含合同变更的全部内容，如设计方案和施工方案的变更，工程量清单数量的增减，工程质量和工期要求的变动，建设规模和建设标准的调整，政府行政法规的调整，合同条款的修改以及合同主体的变更等；而狭义的工程变更只包括以工程变更令形式变更的内容，如建筑物尺寸的变动、基础型式的调整、施工条件的变化等。

1. 工程变更的表现形式

（1）更改工程有关部分的标高、基线、位置和尺寸。

（2）增减合同中约定的工程量。

（3）增减合同中约定的工程内容。

（4）改变工程质量、性质或工程类型。

（5）改变有关工程的施工顺序和时间安排。

（6）为使工程竣工而必须实施的任何种类的附加工作。

2. 工程变更原则

（1）设计文件是安排建设项目和组织施工的主要依据，设计一经批准，不得任意改变。

（2）工程变更必须坚持高度负责的精神与严格的科学态度，在确保工程质量标准的前提下，对于降低工程造价、节约用地、加快施工进度等方面有显著效益时，应考虑工程变更。

（3）工程变更事先应周密调查，备有图文资料，其要求与现设计相同，以满足施工需要，并填写"变更设计报告单"，详细申述变更理由、变更方案（附简图及现场图片）、与原设计的技术经济比较，按照变更审批程序报请审批，未经批准的不得按变更设计施工。

（4）工程变更的图纸设计要求和深度等同原设计文件。

3. 工程变更分类

根据提出变更申请和变更要求的不同部门，将工程变更划分为三类，即建设单位变更、监理单位变更、施工单位变更。

（1）建设单位变更（包含上级部门变更、建设单位变更、设计单位变更）。

1）上级部门变更：指上级行政主管部门提出的政策性变更和由于国家政策变化引起的变更。

2）建设单位变更：建设单位根据现场实际情况，为提高质量标准、加快进度、节约造价等因素综合考虑而提出的工程变更。

3）设计单位变更：指设计单位在工程实施中发现工程设计中存在的设计缺陷或需要进行优化设计而提出的工程变更。

（2）监理单位变更。监理工程师根据现场实际情况提出的工程变更和工程项目变更、新增工程变更等。

（3）施工单位变更。指施工单位在施工过程中发现设计与施工现场的地形、地貌、地质结构等情况不一致而提出来的工程变更。

八、安全技术交底制度

施工现场各分项工程在施工作业活动前必须进行安全技术交底。安全技术交底就是施工员在安排分项工程生产任务的同时，必须向作业人员进行有针对性的安全技术交底。安全技术交底应按工程结构层次的变化和实际状况有针对性地反复进行，同时必须履行交底认签手续，由交底人签字，有被交底班组的集体签字认可。

施工现场安全员必须认真履行检查、监督职责，切实保证安全技术交底工作不流于形式，提高全体作业人员安全生产的自我保护意识。

九、工程技术资料管理制度

工程技术资料是为建筑施工提供指导和施工质量、管理情况进行记载的技术文件。也是竣工后存查或移交建设单位作为技术档案的原始凭证。单位工程必须从工程准备开始就建立工程技术资料档案，汇集整理有关资料，并贯穿于施工的全过程，直到交工验收后结束。凡列入工程技术档案的技术文件、资料，都必须经各级技术负责人正式审定，所有资料、文件都必须如实反映情况，要求记载真实、准确、及时、内容齐全、完整、整理系统化、表格化、字迹工整，并分类装订成册，严禁擅自修改、伪造和事后补作。

工程技术资料档案是永久性保存文件，必须严格管理，不得遗失、损坏，人员调动必须办理移交手续，由施工单位保存的工程档案资料，一般工程在交工后统一交项目部资料员保管，重要工程及新工艺、新技术等由单位技术科资料室保存，并根据工程的性质确定保存期限，资料一般应一式两份。

第二节　施工现场料具管理

施工现场是建筑安装企业从事施工生产活动，最终形成建筑产品的场所，施工现场的材料与工具管理，属于生产领域材料耗用过程的管理，与企业其他技术经济管理有密切的关系。施工现场料具管理是对现场施工中一切材料和机具进行组织管理工作的总称，在建筑企业生产经营中，占建筑产品造价70％的料具，要通过现场施工来消耗，实现施工现场的整齐、清洁、文明，做好料具管理具有重要的意义。

一、施工现场材料管理

1. 现场材料管理的概念

现场材料管理，是在现场施工过程中，根据工程类型、场地环境、材料保管和消耗特点，采取科学的管理办法，从材料投入到成品产出全过程进行计划、组织、协调和控制，力求保证生产需要和材料的合理使用，最大限度地降低材料消耗。

现场材料管理的好坏，是衡量建筑企业经营管理水平和实现文明施工的重要标志，也是保证工程进度、工程质量，提高劳动效率，降低工程成本的重要环节，并对企业的社会声誉和投标承揽任务都有极大影响。加强现场材料管理，是提高材料管理水平、克服施工现场混乱和浪费现象、提高经济效益的重要途径之一。

2．现场材料管理的原则和任务

（1）全面规划。在开工前作出现场材料管理规划，参与施工组织设计的编制，规划材料存放场地、道路，做好材料预算，制定现场材料管理目标。全面规划是使现场材料管理全过程有序进行的前提和保证。

（2）计划进场。按施工进度计划，组织材料分期分批有秩序地入场。一方面保证施工生产需要；另一方面要防止形成大批剩余材料，计划进场是现场材料管理的重要环节和基础。

（3）严格验收。按照各种材料的品种、规格、质量、数量要求，严格对进场材料进行检查，办理收料。验收是保证进场材料品种、规格对路以及质量完好、数量准确的第一道关口，也是保证工程质量、降低成本的重要保证。

（4）合理存放。按照现场平面布置要求，做到合理存放，在方便施工、保证道路畅通、安全可靠的原则下，尽量减少二次搬运。合理存放是妥善保管的前提，是生产顺利进行的保证，是降低成本的有效措施。

（5）妥善保管。按照各项材料的自然属性，依据物资保管技术要求和现场客观条件，采取各种有效措施进行维护、保养，保证各项材料不降低使用价值。妥善保管是物尽其用、实现成本降低的保证条件。

3．工程材料进场存放及码放要求

（1）确定存放位置。

1）在总平面布置范围内应细化材料堆放场地，确定各阶段、各种材料存放位置，制定基础、主体、装修（或主体与装修同时施工）阶段的现场材料存放布置详图。图中明确规划出各种材料所占用的长宽尺寸及运输通道。

2）各阶段的现场具备条件后，按规划布置详图中的位置及长宽尺寸在场地上明显标界，挂标识牌。通过标界，强行落实各种材料分类有序存放，消除随意乱放现象。

3）材料进场前，依据当天或当次进场材料的规格、数量，由生产经理组织物资管理员、现场管理员划出位置界线（或撒出白灰线），使收料人员明白本次材料的存卸范围并遵照执行。

（2）材料码放标准。

1）钢筋码放。

a．按规格、型号分类码放，严禁混乱堆压而造成使用不便。

b．钢筋支垫（垫木）采用100mm×100mm短方木（长度500mm内），垫木两端外伸长度不超过钢筋侧面100mm，两端从500mm垫起，中间间隔约1m控制，码放时必须按一头齐、一条线、一般高、一般宽的标准控制，钢筋码放时距墙或围挡栏的间距不小于500mm，直条的码放高度不超过5层，盘条高度不超过2捆。

c．钢筋码放合格后及时挂"待检"标识牌，经现场取样或见证取样，依复试结果随即更换"合格"或"不合格"标识牌。钢筋场地应搭设高度1.5m的钢管围挡，实行封闭式管理。

2）水泥码放。入库保存，库内底部垫高 300mm（可用机砖码空斗），上铺两层油毡防潮，码放高度不超过 15 袋，距墙 200mm，按不同的品牌、强度等级分垛码放并标识。

3）砂、石存放。砂石进场检验合格后，直接卸入已划定的位置内，随后整理成梯形，砂堆用密目网覆盖，不露天，不扬尘。

4）管材码放。按规格、型号、品种分类码放整齐。

5）砌块码放。材料进场前场地整平压实，画线定位，码放高度不超过 1.5m，垛体方正，并达到一头齐、一同宽、一条线、一般高。

4．材料使用

（1）钢材使用必须按检验批先进先用，用完上一批次后再用下批次，清底使用。结构施工中的预留筋，一律用短钢筋，但必须符合设计及规范要求的搭接长度。

（2）水泥使用必须分进场先后，按检验批先进先用，用完上一批次再用下一批次，清底使用。

（3）砂、石料必须清底使用。

（4）砌块使用必须从一头拆垛，先上后下清底使用。

二、施工现场工具管理

施工现场工具管理是对现场施工所用的周转料具、工具进行使用管理的总称。

1．周转料具的码放

（1）大模板码放。

1）存放场地先硬化，硬化前先作出场地的排水走向，排水坡度按 0.5％ 设计，大模板进场卸车或使用完毕拆卸后存放时，底部垫 50mm×100mm 的方木，间距 1m，板面朝下四边上下对齐码放，高度不超过 10 层为宜。

2）大模板区设钢管防护栏，高度 1.5m，满挂密网，封闭管理，挂警示牌，非专职操作人员禁止入内。

3）模板使用拆除后必须及时清理干净板面残留浆渣，满涂脱模剂，然后再规范码放，使用中每浇一步须随时清理模板背面的存灰粘灰（包括钢模、木模等），最后一步浇完后清干净模板背面并蘸水刷干净。

（2）钢支柱、小钢模、方木、门窗洞口模板的码放。依照现场平面布置详图设定的位置，分不同的料具、不同的型号规格分别画线确定占用的长宽场地。进场验收合格的料具由木工配合卸车，负责将不同的料具分大小、长短分别堆放到已确定的区位，码放标准达到一头齐、一条线，成方成垛，高度不超过 1.5m，严禁散堆乱垛。

（3）架管、架扣、架板的码放。依照现场平面布置设定的区位，画线确定占用的长宽面积，架管按不同长度分别按一头齐标准码放，底部垫高 100mm；架板顺线落地码放成方垛；架扣袋装，分直角、回转、对接型分别码放，层高不超过 10 袋。

2．料具管理办法

（1）施工班组要有兼职工具保管人员，要督促组内人员爱护使用工具和记载保管手册。

（2）零星工具可由班组交给个人保管使用，丢失赔偿。

（3）对工具要精心爱护使用，每日收工时由使用人员做好清理清洗工作，由工具员检查数量和保洁情况后妥善保管。

三、施工现场机械设备管理

施工机械是施工企业生产的重要工具，针对施工现场的具体情况，使施工机械经常处于最佳运行状态和最优化的机群组合，是企业提高生产效率和经济效益、减轻劳动强度、改善劳动环境、保证工程质量、加快施工速度的重要保证。随着建筑工业化的发展，施工机械越来越多，并将逐步代替繁重的体力劳动，在施工中发挥愈来愈大的作用。

1. 施工现场机械设备管理的任务和内容

建筑企业机械设备管理是对企业的机械设备进行的动态管理，即从选购（或自制）机械设备开始，到投入施工、磨损、修理，直到报废全过程的管理。而现场施工机械设备管理主要是正确地选择（或租赁）和使用机械设备，及时搞好施工机械设备的维护和保养，按计划检查和修理，建立现场施工机械设备使用管理制度等。其主要任务是对施工机械设备合理使用，用养结合，提高施工机械设备的使用效率，尽可能降低工程项目的机械使用成本，提高工程项目的经济效益。

现场施工机械设备管理的内容主要有以下几个方面：

（1）机械设备的选择与配套。任何一个工程项目施工机械设备的合理装备，必须依据施工组织设计。首先，对机械设备的技术经济进行分析，选择购买和租赁既满足生产要求，又先进且经济合理的机械设备；其次，现场施工机械设备的装备在性能、能力等方面应相互配套，如果设备数量多，相互之间不配套，不仅机械性能不能充分发挥，而且会造成经济上的浪费，所以不能片面地认为设备的数量越多，机械化水平越高，就一定带来好的经济效益。

（2）现场机械设备的合理使用。现场机械设备的管理要处理好"养"、"管"、"用"三者之间的关系，遵照机械设备使用的技术规律和经济规律，合理、有效地利用机械设备，使之发挥较高的使用效率。为此，操作人员使用机械时必须严格遵守操作规程，反对"拼设备"、"吃设备"等野蛮操作。

（3）现场机械设备的保养和修理。为了提高机械设备的完好率，使机械设备经常处于良好的技术状态，必须做好机械设备的维修保养工作。同时，定期检查和校验机械设备的运转情况和工作进度，发现隐患及时采取措施，根据机械设备的性能、结构和使用状况，制定合理的维修计划，以便及时恢复现场机械设备的工作能力，预防事故的发生。

2. 合理安全使用机械设备的要求

（1）实行"操作合格证"制度。每台机械的专门操作人员必须经过培训，确认合格，发给操作合格证书，这是安全生产的重要前提，也是保证机械设备得到合理使用的必要条件。

（2）实行定机、定人、定岗制度。由谁操作哪台机械固定后不随意变动，并把机械使用、维护保养各环节的具体责任落实到每个人的身上。

（3）实行安全交底制度。现场分管机械设备的技术人员在机械作业前应向操作人员进行安全操作交底，使操作人员对施工要求、场地环境、气候等安全生产要素有详细的了解。

第三节　施工现场主要内业资料管理

施工现场内业资料管理主要是指对单位工程质量控制资料的管理和工程安全、功能检测资料的管理以及施工单位为系统积累经验所保存的技术资料的管理。它主要分为工程技术管理资料和质量保证资料，它是系统积累施工技术资料，保证各项工程交工后合理使用的基础，并为今后的维护、改造、扩建提供依据。因此，项目技术部门必须从工程准备开始就建立工程技术资料的档案，汇集整理有关资料，并把这项工作贯穿于整个施工过程，直到工程交工验收结束。

工程技术档案资料具有连续性、一贯性、严肃性、保密性和一定的法律性，内容必须完整、齐全，数据准确、可靠，资料真实，具体明晰，手续齐全，书写整洁，确实能反映该工程的施工全貌。现场工程资料应以施工及验收规范、工程合同与设计文件、工程质量验收标准等为依据进行认真填写，由资料员负责施工全过程资料管理。

一、施工现场技术资料管理

施工现场主要技术资料管理一般包括：①开工报告；②施工组织设计；③图纸会审；④工程技术交底；⑤工程测量；⑥工程质量事故报告；⑦设计变更及技术核定；⑧混凝土施工日志；⑨竣工图等。

1. 开工报告

开工报告单内容应填写清楚、完整，表中所体现的各单位应签字盖章齐全。

2. 施工组织设计

施工组织设计编制完后需业主单位签字盖章。

3. 图纸会审

会审纪要内容应按实填写清楚、齐全，各参加单位均应签字并加盖公章。

4. 工程技术交底

各分项工程均应有详细的技术交底记录，交底人与接底人均应签字齐全，注明交底时间，且质安员应参与交底签字。

5. 测量成果

（1）建筑物定位放线的测量成果要求注明建筑物的±0.000m，新建建筑物定位测量参照点在测量成果上均应绘出，定位放线的测量成果应由业主单位签字认可。

（2）对单层建筑的±0.000标高，多层、高层建筑的每层高度均要有水准测量记录。

（3）高层建筑、重要建筑，对不均匀沉降有严格限制的建筑以及设计有沉降观测要求的建筑均要按有关规定和设计要求进行沉降观测记录。

6. 工程质量事故报告

在施工过程中，出现了质量事故，应对其进行详细记录。重大质量事故，事故调查报告上应有调查组全体人员的签字，事故处理报告的印章、签字应齐全；一般质量事故（包括质量问题）处理鉴定记录上施工单位技术负责人、质检员、建设单位现场代表、监理单位现场代表和设计单位的签字应完善。

7. 设计变更及技术核定

由设计单位签发的设计变更通知书应由设计人员签字认可。

由施工单位要求变更的技术核定单应由设计人员签字认可，施工单位应由项目工程师签字审核，涉及经济方面的应由业主单位签字认可。

8. 混凝土施工日志

要求按实填写，不得漏项、缺项，会签人员应签字齐全。

9. 竣工图

（1）单位工程竣工后，均应有真实反映工程实际情况的竣工图。在施工过程中没有变更或变更较小的可在原施工图上用简图和文字进行说明，并标出设计变更或技术核定单的编号，由项目工程师签名，加盖"竣工图专用章"。

（2）不符合上述条件，则应重新绘制竣工图。重新绘制的竣工图，应在图纸的标题栏内注明原施工图号，并在说明中注明变动原因及依据，经项目工程师签名后，加盖"竣工图专用章"。

（3）凡按原施工图施工的，未作变更的也都应加盖"竣工图专用章"。

10. 施工日志

要求记录真实齐全，部位准确。

二、施工现场质量保证资料管理

施工现场质量保证资料管理一般包括：①钢材出厂合格证、试验报告单；②水泥出厂合格证、试验报告单；③混凝土预制构件出厂合格证、试验报告单；④混凝土试块试验报告单；⑤砂浆试块试验报告单；⑥机制砖（块材）出厂合格证、试验报告单；⑦防水卷材合格证、试验报告单；⑧土壤试验资料；⑨地基验槽记录；⑩结构吊装、结构验收记录（包括隐蔽工程记录）；⑪焊接试（检）验报告、焊条合格证等均为质量保证资料管理的范畴。

1. 原材料资料

从厂家直接提货的原材料既要有出厂合格证，又要有进场时按规定取样的材料性能试验报告，出厂合格证与相应的试验报告均应注明批量、单位工程名称及使用部位。

合格证的抄件应将原件的报告编号、生产厂家、出厂编号、出厂日期、品种、规格（标号）等抄全，合格证的抄件或复印件必须由有经营资格的供货单位提供，且注明销售批量，并加盖公章方有效。钢结构用材应有出厂合格证，且关键部位钢材与进口钢才均应进行机械性能试验及化学成分分析、焊接试验。

2. 构件合格证、半成品合格证

所有外部委托生产的构件，均应有构件出厂合格证，并附有钢筋、水泥材质证明和相应的混凝土试块试压报告及静载试验报告。

施工现场预制的一般构件除应有钢材、水泥材质证明外，还应有每台班混凝土试块试验报告，隐蔽记录和钢筋、模板、混凝土分项工程质量评定。

3. 混凝土试块试验报告

混凝土试块的留置应符合混凝土结构工程施工及验收规范要求，混凝土试块强度以28天龄期为准，混凝土试块强度应分批进行验收、汇总，进行强度评定，汇总表中应注明试块试验报告编号。

混凝土强度的评定方法：

（1）预制构件厂（场）搅拌的混凝土，排架结构、框架结构、高层建筑以及主要基础工程一个验收批内的混凝土试块组数在 10 组以上，采用统计法评定。

（2）对零星生产的预制构件的混凝土或现场搅拌批量不大的混凝土，一个验收批内的混凝土试块组数可少于 10 组，按非统计法评定。

4. 砂浆试块试验报告

砂浆强度应以标准养护龄期为 28 天的试块抗压试验结果为准，一般每 250m³ 砌体至少应留设一组试块。

5. 土壤试验

施工现场土的干容重（或干密度）由试验室测定，并出具相应的试验记录，对回填部位、回填土夯实施工记录、土壤夯实干容重（或干密度）每层均应按规定的抽检数量和标准进行试验，并做好取样部位和试验记录，且均要有施工技术负责人、试验员的签字。

6. 地基验槽记录

当地基坑（槽）开挖到接近设计标高后，施工单位应邀请建设单位、设计单位、监理单位等一道对地基坑（槽）进行检查验收，施工技术人员要负责填写验收记录，参加验槽单位均要在验槽记录上签字，以明确各方的质量责任。验槽内容要填写完善，工程名称、验收日期等均应填写清楚。

7. 结构吊装、结构验收记录

结构吊装记录应有各构件的轴线位置、垂直度、标高等测量记录及连接节点的焊缝质量、搁置长度、检测记录。

吊装所用的钢材、焊条应有出厂合格证，并应在合格证上予以注明用于吊装。基础、主体、竣工验收表均须有业主、设计、质监、施工四方单位的签字盖章。

8. 焊接资料

焊接骨架、焊接网片、闪光对焊、电弧焊、电渣压力焊、重要的预埋件钢筋 T 形接头焊、钢筋气压焊等，均应有外观检查记录和焊件试验报告。焊条、焊剂应有出厂合格证，如焊条用量少，可用焊条塑料袋上足以证明其各种性能的合格证复印后经业主单位签字认可，合格证应注明焊条批量。焊缝外观检查记录，焊件试验报告均应注明焊接部位，并附有焊工上岗证复印件。

9. 建筑电气安装工程

电气安装中所用高压设备以及柜盘、绝缘子、套管、避雷器、隔离开关、油开关、变压器、瓦斯继电器、温度计、电机等主要电气设备材料和线材、管材、灯具、开关、绝缘油、插座、低压设备及附件等其他材料均必须有足以证明其材质性能的出厂合格证，合格证应有制造厂名、规格型号、检验员证、出厂日期。

主要电气设备、材料进场后，安装前应按有关设计规范要求进行检查验收，并进行验收检查登记，登记表中供货方与验收方均应签证。

电气设备试验、调整记录：高压设备试验及系统调试的报告应由有资质的试验单位提出。凡电气工程竣工前必须进行通电试验，并认真做好记录，记录数据、性能鉴定，外观情况均应真实、准确。

绝缘接地电阻检查记录：绝缘电阻测试记录主要包括设备绝缘电阻测试，线路相线与相线、相线对地间、零线对地间的测试记录，系统绝缘电阻测试记录等。

电气安装隐蔽工程记录：各类防雷接地隐蔽工程，各类辅助接地、保护接地、重复接地、工作接地和保护接零等工程，电线管暗敷工程，地下电缆工程，大（高）型灯具吊扇预埋件隐蔽工程，变形缝补偿装置隐蔽工程，穿过建筑物和设备基础的套管隐蔽工程等均应按隐蔽工程记录。

上述几项试验、检验记录必须有试验（检验）人、业主方、施工方代表签证。

三、施工现场向监理（业主）提交的报告

（1）工程开工报告。

（2）施工技术方案报审表。

（3）建筑材料报验单。

（4）进场设备报验单。

（5）施工放样报验单。

（6）分包申请。

（7）合同外工程单价申请表。

（8）复工申请。

（9）合同工程月计量申报表。

（10）人工、材料价格调整申报表。

（11）付款申请。

（12）延长工期申报表。

（13）索赔申报表。

（14）事故报告单。

（15）竣工报验单。

第四节　施工现场主要工种施工技术要求

一、混凝土工程施工技术要求

（一）混凝土原材料称量要求

（1）在每一工作班正式称量混凝土前，应先检查原材料质量，必须使用合格材料，各种衡器应定期校核，每次使用前进行零点校核，保持计量准确。

（2）施工中应测定骨料的含水率，当雨天施工含水率有显著变化时，应增加测定次数，依据测试结果及时调整配合比中的用水量和骨料用量。

（3）混凝土原材料按重量计的允许偏差不得超过以下规定：

1）水泥、外掺混合材料±1%。

2）粗细骨料±2%。

3）水、外加剂溶液±1%。

（二）混凝土原材料质量要求

（1）水泥必须有质量证明书，并应对其品种、标号、包装、出厂日期等进行检查。对水泥质量有怀疑或水泥出厂超过 3 个月（快硬硅酸盐水泥为 1 个月）时，应复查试验。

（2）骨料应符合有关规定。粗骨料最大颗粒粒径不得大于结构截面最小尺寸的 1/4，同时不得大于钢筋间距最小净距的 3/4。

（3）水宜用饮用水。

（4）外加剂应符合有关规定，并经试验符合要求后，方可使用。

（5）混合材料掺量应通过试验确定。

（三）混凝土配合比要求

由试验室先进行试配，经试验合格后方能正式生产，并严格按配合比进行计量上料，认真检查混凝土组成材料的质量、用量、坍落度及搅拌时间，按要求做好试块。

（四）混凝土拌和

（1）拌和设备投入混凝土生产前，应按经批准的混凝土施工配合比进行最佳投料顺序和拌和时间的试验。

（2）混凝土拌和必须按照试验部门签发并经审核的混凝土配料单进行配料，严禁擅自更改。

（3）混凝土组成材料的配料量均以重量计。

（4）混凝土拌和时间应通过试验确定，表 5-2 中所列最少拌和时间可参考使用。

（5）每台班开始拌和前，应检查拌和机叶片的磨损情况，在混凝土拌和过程中，应定时检测骨料含水量，必要时应加密测量。

（6）混凝土掺合料在现场宜用干掺法，且应保证拌和均匀。

（7）外加剂溶液中的水量，应在拌和用水量中扣除。

（8）二次筛分后的粗骨料，其超逊径应控制在要求范围内。

（9）混凝土拌和物出现下列情况之一者，按不合格料处理：

1）错用配料单已无法补救，不能满足质量要求。

2）混凝土配料时，任意一种材料计量失控或漏配，不符合质量要求。

3）拌和不均匀或夹带生料。

4）出机口混凝土坍落度超过最大允许值。

表 5-2　　　　　　　　　　混凝土最少拌和时间

拌和机容量 Q （m³）	最大骨料粒径 （mm）	最少拌和时间 （s）	
		自落式拌和机	强制式拌和机
$0.8 \leqslant Q \leqslant 1$	80	90	60
$1 < Q \leqslant 3$	150	120	75
$Q > 3$	150	150	90

注　1. 人机拌和量应在拌和机额定容量的 110% 以内。

　　2. 加冰混凝土的拌和时间应延长 30s（强制式 15s），出机的混凝土拌和物中不应有冰块。

（五）运输

（1）选择混凝土运输设备及运输能力，应与拌和、浇筑能力、仓面具体情况相适应。

（2）所用的运输设备，应使混凝土在运输过程中不致发生分离、漏浆、严重泌水、过多温度回升和坍落度损失。

（3）同时运输两种以上强度等级、级配或其他特性不同的混凝土时，应设置明显的区分标志。

（4）混凝土在运输过程中，应尽量缩短运输时间及减少转运次数。掺普通减水剂的混凝土运输时间不宜超过表 5 - 3 的规定。因故停歇过久，混凝土已初凝或已失去塑性时，应作废料处理。严禁在运输途中和卸料时加水。

（5）在高温或低温条件下，混凝土运输工具应设置遮盖或保温设施，以避免天气、气温等因素影响混凝土质量。

表 5 - 3　混凝土运输时间

运输时段的平均气温 （℃）	混凝土运输时间 （min）
20～30	45
10～20	60
5～10	90

（6）混凝土的自由下落高度不宜大于 2m，超过时应采取缓降或其他措施，以防止骨料分离。

（7）用汽车、翻斗车、侧卸车、料罐车、搅拌车及其他专用车辆运送混凝土时，应遵守下列规定：

1）运输混凝土的汽车应为专用，运输道路应保持平整。

2）装载混凝土的厚度不应小于 40cm，车厢应平滑密闭不漏浆。

3）每次卸料，应将所载混凝土卸净，并应适时清洗车厢（料罐）。

4）汽车运输混凝土直接入仓时，必须有确保混凝土施工质量的措施。

（8）用门式、塔式、缆式起重机以及其他吊车配吊罐运输混凝土时，应遵守下列规定：

1）起重设备的吊钩、钢丝绳、机电系统配套设施、吊罐的吊耳及吊罐放料口等，应定期进行检查维修，保证设备完好。

2）吊罐不得漏浆，并应经常清洗。

3）起重设备运转时，应注意与周围施工设备保持一定距离和高度。

（9）用各类皮带机（包括塔带机、胎带机等）运输混凝土时，应遵守下列规定：

1）混凝土运输中应避免砂浆损失；必要时适当增加配合比的砂率。

2）当输送混凝土的最大骨料粒径大于 80mm 时，应进行适应性试验，满足混凝土质量要求。

3）皮带机卸料处应设置挡板、卸料导管和刮板。

4）皮带机布料应均匀，堆料高度应小于 1m。

5）应有冲洗设施及时清洗皮带上黏附的水泥砂浆，并应防止冲洗水流入仓内。

6）露天皮带机上宜搭设盖棚，以免混凝土受日照、风、雨等影响；低温季节施工时，应有适当的保温措施。

（10）用溜筒、溜管、溜槽、负压（真空）溜槽运输混凝土时，应遵守下列规定：

1）溜筒（管、槽）内壁应光滑，开始浇筑前应用砂浆润滑筒（管、槽）内壁，当用水润滑时应将水引出仓外，仓面必须有排水措施。

2）使用溜筒（管、槽），应经过试验论证，确定溜筒（管、槽）高度与合适的混凝土坍落度。

3）溜筒（管、槽）宜平顺，每节之间应连接牢固，应有防脱落保护措施。

4）运输和卸料过程中，应避免混凝土分离，严禁向溜筒（管、槽）内加水。

5）当运输结束或溜筒（管、槽）堵塞经处理后，应及时清洗，且应防止清洗水进入新浇混凝土仓内。

（六）混凝土浇筑

（1）建筑物地基必须经验收合格后，方可进行混凝土浇筑仓面准备工作。

（2）岩基上的松动岩块及杂物、泥土均应清除。岩基面应冲洗干净并排净积水，如有承压水，必须采取可靠的处理措施。清洗后的岩基在浇筑混凝土前应保持洁净和湿润。

（3）软基或容易风化的岩基，应做好下列工作：

1）在软基上准备仓面时，应避免破坏或扰动原状土壤，如有扰动，必须处理。

2）非黏性土壤地基，如湿度不够，应至少浸湿 15cm 深，使其湿度与最优强度时的湿度相符。

3）当地基为湿陷性黄土时，应采取专门的处理措施。

4）在混凝土覆盖前，应做好基础保护。

（4）浇筑混凝土前，应详细检查有关准备工作，包括地基处理（或缝面处理）情况、混凝土浇筑的准备工作，模板、钢筋、预埋件等是否符合设计要求，并应做好记录。

（5）基岩面和新老混凝土施工缝面在浇筑第一层混凝土前，可铺水泥砂浆、小级配混凝土，保证新混凝土与基岩或新老混凝土施工缝面结合良好。

（6）混凝土的浇筑，可采用平铺法或台阶法施工。应按一定厚度、次序、方向，分层进行，且浇筑层面平整。台阶法施工的台阶宽度不应小于 2m。在压力钢管、竖井、孔道、廊道等周边及顶板浇筑混凝土时，混凝土应对称均匀上升。

（7）混凝土浇筑坯层厚度，应根据拌和能力、运输能力、浇筑速度、气温及振捣能力等因素确定，一般为 30～50cm。根据振捣设备类型确定浇筑坯层的允许最大厚度可参照表 5-4 的规定；如采用低塑性混凝土及大型强力振捣设备时，其浇筑坯层厚度应根据试验确定。

表 5-4　　　　　　　　混凝土浇筑坯层的允许最大厚度

振捣设备类别		浇筑坯层允许最大厚度
插入式	振捣机	振捣棒（头）长度的 1.0 倍
	电动或风动振捣器	振捣棒（头）长度的 0.8 倍
	软轴式振捣器	振捣棒（头）长度的 1.25 倍
平板式	无筋或单层钢筋结构中	250mm
	双层钢筋结构中	200mm

（8）入仓的混凝土应及时平仓振捣，不得堆积，仓内若有粗骨料堆叠时，应均匀地分

布至砂浆较多处，但不得用水泥砂浆覆盖，以免造成蜂窝，在倾斜面上浇筑混凝土时，应从低处开始，浇筑面应水平，在倾斜面处收仓面应与倾斜面垂直。

（9）混凝土浇筑的振捣应遵守下列规定：

1）混凝土浇筑应先平仓后振捣，严禁以振捣代替平仓。振捣时间以混凝土粗骨料不再显著下沉，并开始泛浆为准，应避免欠振或过振。

2）振捣设备的振捣能力应与浇筑机械和仓位客观条件相适应，使用塔带机浇筑的大仓位，宜配置振捣机振捣。使用振捣机时，应遵守下列规定：

a. 振捣棒组应垂直插入混凝土中，振捣完应慢慢拔出。

b. 移动振捣棒组，应按规定间距相接。

c. 振捣第一层混凝土时，振捣棒组应距硬化混凝土面5cm。振捣上层混凝土时，振捣棒头应插入下层混凝土5～10cm。

d. 振捣作业时，振捣棒头离模板的距离应不小于振捣棒有效作用半径的1/2。

3）采用手持式振捣器时应遵守下列规定：

a. 振捣器插入混凝土的间距，应根据试验确定并不超过振捣器有效半径的1.5倍。

b. 振捣器宜垂直按顺序插入混凝土。如略有倾斜，则倾斜方向应保持一致，以免漏振。在振捣时，应将振捣器插入下层混凝土5cm左右。

c. 严禁振捣器直接碰撞模板、钢筋及预埋件。

d. 在预埋件特别是止水片、止浆片周围，应细心振捣，必要时辅以人工捣固密实，对浇筑块第一层、卸料接触带和台阶边坡处的混凝土应加强振捣。

（10）混凝土浇筑过程中，严禁在仓内加水；混凝土和易性较差时，必须采取加强振捣等措施；仓内的泌水必须及时排除；应避免外来水进入仓内，严禁在模板上开孔赶水，带走灰浆；应随时清除黏附在模板、钢筋和预埋件表面的砂浆；应有专人做好模板维护，防止模板位移、变形。

（11）混凝土的坍落度，应根据建筑物的结构断面、钢筋含量、运输距离、浇筑方法、运输方式、振捣能力和气候等条件决定，在选定配合比时应综合考虑，并宜采用较小的坍落度。混凝土在浇筑地点的坍落度，可参照表5-5选用。

表5-5　　　　　　　　　　　　　混凝土在浇筑地点的坍落度

混　凝　土　类　别	坍落度（cm）	混　凝　土　类　别	坍落度（cm）
素混凝土或少筋混凝土	1～4	配筋率超过1%的钢筋混凝土	5～9
配筋率不超过1%的钢筋混凝土	3～6		

（12）混凝土浇筑应保持连续性。

1）混凝土浇筑允许间歇时间应通过试验确定。掺普通减水剂混凝土的允许间歇时间可参照表5-6。如因故超过允许间歇时间，但混凝土能重塑者可继续浇筑。

2）如局部初凝，但未超过允许面积，则在初凝部位铺水泥砂浆或小级配混凝土后可继续浇筑。

表 5 - 6 混凝土的允许间歇时间

混凝土浇筑时的气温（℃）	允许间歇时间（min）	
	中热硅酸盐水泥、硅酸盐水泥、普通硅酸盐水泥	低热矿渣硅酸盐水泥、矿渣硅酸盐水泥、火山灰质硅酸盐水泥
20～30	90	120
10～20	135	180
5～10	195	—

（13）浇筑仓面出现下列情况之一时，应停止浇筑：

1）混凝土初凝并超过允许面积。

2）混凝土平均浇筑温度超过允许偏差值，并在 1h 内无法调整至允许温度范围内。

（14）浇筑仓面混凝土料出现下列情况之一时，应予挖除：

1）出现下列情况之一的不合格料：

a. 已错用配料单且已无法补救，不能满足质量要求。

b. 混凝土配料时，任意一种材料计量失控或漏配，不符合质量要求。

2）拌和不均匀或夹带生料。

3）下到高等级混凝土浇筑部位的低等级混凝土料。

4）不能保证混凝土振捣密实或对建筑物带来不利影响的级配错误的混凝土料。

5）长时间不凝固导致超过规定时间的混凝土料。

（15）混凝土施工缝处理，应遵守下列规定：

1）混凝土收仓面应浇筑平整，在其抗压强度尚未达到 2.5MPa 前，不得进行下道工序的仓面准备工作。

2）混凝土施工缝面应无乳皮，微露粗砂。

3）毛面处理宜采用 25～50MPa 高压水冲毛机，也可采用低压水、风砂枪、刷毛机及人工凿毛等方法。毛面处理的开始时间由试验确定，采取喷洒专用处理剂时，应通过试验后实施。

（16）结构物混凝土达到设计顶面时，应使其平整，其高程必须符合设计要求。

（七）混凝土雨季施工

（1）雨季施工应做好下列工作：

1）砂石料仓的排水设施应畅通无阻。

2）运输工具应有防雨及防滑措施。

3）浇筑仓面应有防雨措施并备有不透水覆盖材料。

4）增加骨料含水率测定次数，及时调整拌和用水量。

（2）中雨以上的雨天不得新开混凝土浇筑仓面，有抗冲耐磨和有抹面要求的混凝土不得在雨天施工。

（3）在小雨天气进行浇筑时，应采取下列措施：

1）适当减少混凝土拌和用水量和出机口混凝土的坍落度，必要时应适当缩小混凝土的水胶比。

2）加强仓内排水和防止周围雨水流入仓内。

3）做好新浇筑混凝土面尤其是接头部位的保护工作。

（4）在浇筑过程中，遇大雨、暴雨，应立即停止进料，已入仓混凝土应振捣密实后遮盖，雨后必须先排除仓内积水，对受雨水冲刷的部位应立即处理，如混凝土还能重塑，应加铺接缝混凝土后继续浇筑，否则应按施工缝处理。

（5）及时了解天气预报，加强施工区气象观测，合理安排施工。

（八）混凝土养护

（1）混凝土浇筑完毕后，应及时洒水养护，保持混凝土表面湿润。

（2）混凝土表面养护的要求如下：

1）混凝土浇筑完毕后，养护前宜避免太阳光曝晒。

2）塑性混凝土应在浇筑完毕后 6～18h 内开始洒水养护，低塑性混凝土宜在浇筑完毕后立即喷雾养护，并及早开始洒水养护。

3）混凝土应连续养护，养护期内始终使混凝土表面保持湿润。

（3）混凝土养护时间，不宜少于 28 天，有特殊要求的部位宜适当延长养护时间。

（4）混凝土的养护用水应与拌制用水相同。

（5）混凝土养护应有专人负责，并应做好养护记录。

（九）低温季节混凝土施工

1. 一般规定

（1）日平均气温连续 5 天稳定在 5℃以下或最低气温连续 5 天稳定在－3℃以下时，按低温季节施工。

（2）低温季节施工，必须编制专项施工组织设计和技术措施，以保证浇筑的混凝土满足设计要求。

（3）混凝土早期允许受冻临界强度应满足下列要求：

1）大体积混凝土不应低于 7MPa。

2）非大体积混凝土和钢筋混凝土不应低于设计强度的 85％。

（4）低温季节，尤其在严寒和寒冷地区，施工部位不宜分散。已浇筑的有保温要求的混凝土，在进入低温季节之前，应采取保温措施。

（5）进入低温季节，施工前应先准备好加热、保温和防冻材料（包括早强、防冻外加剂），并应有防火措施。

2. 施工准备

（1）原材料的储存、加热、输送和混凝土的拌和、运输、浇筑仓面，均应根据气候条件通过热工计算，选择适宜的保温措施。

（2）骨料宜在进入低温季节前筛洗完毕。成品料应有足够的储备和堆高，并要有防止冰雪和冻结的措施。

（3）低温季节混凝土拌和宜先加热水。当日平均气温稳定在－5℃以下时，宜加热骨料。骨料加热方法，宜采用蒸汽排管法，粗骨料可以直接用蒸汽加热，但不得影响混凝土的水灰比。骨料不需加热时，应注意不能结冰，也不应混入冰雪。

（4）拌和混凝土之前，应用热水或蒸汽冲洗拌和机，并将积水排除。

（5）在岩基或老混凝土上浇筑混凝土前，应检测其温度，如为负温，应加热至正温，加热深度不小于10cm或以浇筑仓面边角（最冷处）表面测温为正温（大于0℃）为准，经检验合格后方可浇筑混凝土。

（6）仓面清理宜采用热风枪或机械方法，不宜用水枪或风水枪。

（7）在软基上浇筑第一层基础混凝土时，基土不能受冻。

3. 施工方法及保温措施

（1）低温季节混凝土的施工方法宜符合下列要求：

1）在温和地区宜采用蓄热法，风沙大的地区应采取防风设施。

2）在严寒和寒冷地区预计日平均气温−10℃以上时，宜采用蓄热法；预计日平均气温−15～−10℃时可采用综合蓄热法或暖棚法；对风沙大，不宜搭设暖棚的仓面，可采用覆盖保温被下布置供暖设备的办法；对特别严寒地区（最热月与最冷月平均温度差大于42℃），在进入低温季节施工时要认真研究确定施工方法。

3）除工程特殊需要，日平均气温−20℃以下不宜施工。

（2）混凝土的浇筑温度应符合设计要求，但温和地区不宜低于3℃；严寒和寒冷地区采用蓄热法不应低于5℃，采用暖棚法不应低于3℃。

（3）当采用蒸汽加热或电热法施工时，应进行专门的设计。

（4）温和地区和寒冷地区采用蓄热法施工，应遵守下列规定：

1）保温模板应严密，保温层应搭接牢靠，尤其在孔洞和接头处，应保证施工质量。

2）有孔洞和迎风面的部位，应增设挡风保温设施。

3）浇筑完毕后应立即覆盖保温。

4）使用不易吸潮的保温材料。

（5）外挂保温层必须牢固地固定在模板上。模板内贴保温层表面应平整，并有可靠措施保证在拆模后能固定在混凝土表面。

（6）混凝土拌和时间应比常温季节适当延长，具体通过试验确定，已加热的骨料和混凝土，应尽量缩短运距，减少倒运次数。

（7）在施工过程中，应注意控制并及时调节混凝土的机口温度，尽量减少波动，保持浇筑温度均匀。控制方法以调节拌和水温为宜。提高混凝土拌和物温度的方法：首先应考虑加热拌和用水；当加热拌和用水尚不能满足浇筑温度要求时，要加热骨料，水泥不得直接加热。

（8）拌和用水加热超过60℃时，应改变加料顺序，将骨料与水先拌和，再加入水泥，以免假凝。

（9）混凝土浇筑完毕后，外露表面应及时保温。新老混凝土结合处和边角应加强保温，保温层厚度应是其他面保温层厚度的2倍，保温层搭接长度不应小于30cm。

（10）在低温季节浇筑的混凝土，拆除模板必须遵守下列规定：

1）非承重模板拆除时，混凝土强度必须大于允许受冻的临界强度或成熟度值。

2）承重模板拆除应经计算确定。

3）拆模时间及拆模后的保护，应满足温控防裂要求，并遵守内外温差不大于20℃或2～3天内混凝土表面温降不超过6℃。

（11）混凝土质量检查除按规定成型试件检测外，还可采取无损检测手段随时检查混凝土早期强度。

4. 温度观测

（1）施工期间，温度观测规定如下：

1）外界气温宜采用自动测温仪器，若人工测温每天应测量 4 次。

2）暖棚内气温每 4h 测一次，以距混凝土面 50cm 的温度为准，测四边角和中心温度的平均数为暖棚内气温值。

3）水、外加剂及骨料的温度每小时测一次。测量水、外加剂溶液和砂的温度，温度传感器或温度计插入深度不小于 10cm，测量粗骨料温度，插入深度不小于 10cm 并大于骨料粒径的 1.5 倍，周围要用细粒径充填。用点温计测量，应自 15cm 以下取样测量。

4）混凝土的机口温度、运输过程中温度损失及浇筑温度，根据需要测量或每 2h 测量一次。温度传感器或温度计插入深度不小于 10cm。

5）已浇混凝土块体内部温度，可用电阻式温度计或热电偶等仪器观测或埋设测温孔（孔深应大于 15cm，孔内灌满液体介质），用温度传感器或玻璃温度计测量。

（2）大体积混凝土浇筑后一天内应加密观测温度变化，外部混凝土每天应观测最高、最低温度；内部混凝土 8h 观测一次，其后宜 12h 观测一次。

（3）气温骤降和寒潮期间，应增加温度观测次数。

二、钢筋工程施工技术要求

（1）严格执行钢筋工程的施工规范。钢筋的品种和质量必须符合要求和《钢筋混凝土用钢筋》（GB 1499—84）的规定，焊条、焊剂的牌号、性能必须符合设计要求和《低碳钢及低合金高强度焊条》（GB 981—76）的规定，进口钢筋焊接前必须进行化学成分检验和焊接试验。

（2）钢筋绑扎后，应根据设计图纸检查钢筋的直径、根数、间距、锚固长度、形状是否正确，特别要注意检查负筋的位置。

（3）保证钢筋绑扎牢固，无松动、变形现象。

（4）钢筋表面的油污、铁锈等必须清除干净。

（5）钢筋采用焊接接头时，设置在同一构件内的焊接接头应相互错开，错开距离为受力钢筋直径的 30 倍且不小于 500mm。一根钢筋不得有两个接头，有接头的钢筋截面面积占钢筋总截面面积的百分率：在受拉区不宜超过 50%；在受压区和装配式结构节点中不限制。

（6）钢筋采用绑扎接头时，接头位置应相互错开，错开距离为受力钢筋直径的 30 倍且不小于 500mm。有绑扎接头的受力钢筋截面面积占受力钢筋总截面面积的百分率：在受拉区不得超过 25%，在受压区不得超过 50%。

（7）焊接接头尺寸允许偏差必须符合有关规定。

（8）钢筋安装及预埋件位置的允许偏差符合有关规定。

（9）钢筋接头不宜设置在梁端、柱端的箍筋加密区。抗震结构绑扎接头的搭接长度，一、二级时应比非抗震的最小搭接长度相应增加 $10d$、$5d$（d 为搭接钢筋直径）。

（10）钢筋焊接前，必须根据施工条件进行试焊合格后方可施焊。焊工必须有焊工合格证，并在规定的范围内进行焊接操作。

（11）钢筋连接采用锥螺纹连接时，接头连接套须有质量检验单和合格证，连接接头强度必须达到钢材强度值，按每种规格接头，以 300 个为一批（不足 300 个仍为一批），每批三根接头，试件长度不小于 600mm 作拉伸试验；钢筋套丝质量必须符合要求，要求逐个用月牙形规和卡规检查，要求牙形与牙形规的牙形吻合，小端直径不得超过允许值；钢筋螺纹的完整牙数不小于规定牙数；连接完的钢筋接头必须用油漆作标记，其外露丝扣不得超过一个完整丝扣；连接套规格须与钢筋一致，连接钢筋时必须将力矩扳手调到规定钢筋接头拧紧值，不要超过扭矩值。

三、模板工程施工技术要求

（1）保证混凝土结构和构件各部分设计形状、尺寸和相互位置正确。

（2）具有足够的强度、刚度和稳定性，能可靠地承受有关标准规定的各项施工荷载，并保证变形在允许范围内。

（3）面板板面平整、光洁，拼缝密合、不漏浆。

（4）安装和拆卸方便、安全，一般能够多次使用。尽量做到标准化、系列化，有利于混凝土工程的机械化施工。

（5）模板选用应与混凝土结构和构件的特征、施工条件和浇筑方法相适应。大面积的平面支模宜选用大模板；当浇筑层厚度不超过 3m 时，宜选用悬臂大模板。

（6）组合钢模板、大模板、滑动模板等模板的设计、制作和施工应符合国家现行标准《组合钢模板技术规范》（GBJ 214）、《大模板多层住宅结构设计与施工规程》（JGJ 20）、《液压滑动模板施工技术规范》（GBJ 113）和《水工建筑物滑动模板施工技术规范》（SL 32）的相应规定。

（7）对模板采用的材料及制作、安装等工序均应进行质量检查。模板制作前，应由材料供货商提供材质方面的证明资料，确认是否满足设计要求，不合格的材料不得使用。模板制作完成后（包括外购的模板及委托模板公司加工制作的模板），需对其加工制作的误差进行检测。其中，钢模台车、悬臂模板、滑动模板、自升模板等，均需要进行预拼装，特别是重复用于第二个工程项目时更是如此，这有利于对模板进行调整和校正，合格后方可运至现场安装。模板安装就位，并固定牢靠后，其实测资料（有轨滑模，应提供滑轨的测量资料），再由质检部门及监理工程师检查验收，合格后才能进行混凝土浇筑。

四、砌体工程施工技术要求

（一）砖砌体工程

（1）严格执行砌体工程施工及验收规范。

（2）砌体施工应设置皮数杆，并根据设计要求、砖石规格和灰缝厚度在皮数杆上标明皮数及竖向构造的变化部位。

（3）砌体表面的平整度、垂直度、灰缝厚度及砂浆饱满度，均应按本规定随时检查并校正。

（4）砂浆品种符合设计要求，强度必须符合有关规定。

（5）砖的品种、标号必须符合设计要求，并应规格一致。

（6）根据砌体抗震规范的要求，埋入砖砌体中的拉结筋，应设置正确、平直。其外露部分在施工中不得任意弯折。

（7）砖砌体的尺寸和位置的允许偏差，不应超过有关规定。

（8）砖砌体的水平灰缝厚度和竖向灰缝宽度一般为 10mm，但不小于 8mm，也不大于 12mm。

（9）清水墙勾缝应采用加浆勾缝，勾缝砂浆宜采用细砂拌制的 1：1.5 的水泥砂浆，勾缝时深度为 4～5mm。

（10）砖砌体的转角处和交接处同时砌筑。对不能同时砌筑而又必须留置的临时间断处，应砌成斜槎。实心砖砌体的斜槎长度不应小于高度的 2/3，空心砖砌体的斜槎长高比应按砖的规格尺寸确定。如临时间断处留斜槎确有困难，除转角处外，也可留直槎，但必须做成阳槎，并加设拉结筋。拉结筋的数量为每 12cm 墙厚放置 1 根直径 6mm 的钢筋，间距沿墙高不得超过 50cm，埋入长度从墙的留槎算起，每边均不小于 50cm；末端应有 90°的弯钩。

（11）顶层砖应采用斜砌挤砖砌法，砂浆饱满。

（二）石砌体工程

1. 干砌石施工技术要求

（1）砌石应垫稳填实，与周边砌石靠紧，严禁架空。石料应坚硬、密实，表面应无全风化、强风化及软岩。

（2）严禁出现通缝、叠砌和浮塞，不得在外露面用块石砌筑，而中间用小石填心，不得在砌筑层面以小块石、片石找平，堤顶应以大块石或混凝土预制块压顶。

2. 浆砌石施工技术要求

（1）砌筑前应将石料刷洗干净，并保持湿润，砌体石块间应用胶结材料黏结、填实。石料应选择坚硬、密实，表面应无全、强风化及软岩等。

（2）护坡、护底和翼墙内部石块间较大的空隙，应先灌填砂浆或细石混凝土并认真振捣，再用碎石块嵌实，不得采用先填碎石块后塞砂浆的方法。

（3）拱石砌筑，必须两端对称进行，各排拱石相互交错，错缝距离不小于 10cm。

（4）当最低气温在 0～5℃时，砌筑作业应注意表面保护，最低气温在 0℃以下时应停止砌筑。

3. 石砌体基础施工技术要求

（1）砌筑毛石基础的第一皮石块应坐浆，并将大面向下。毛石基础如做成阶梯形，上级阶梯的石块应至少压砌下级阶梯的 1/2，相邻阶梯的毛石应互错缝搭砌。

（2）砌筑料石基础的第一皮应用丁砌层坐浆砌筑。阶梯形料石基础，上级阶梯的料石应至少压砌下级阶梯的 1/3。

4. 石砌挡土墙施工技术要求

（1）毛石的中部厚度不宜小于 200mm。

（2）毛石每砌 3～4 皮为一个分层高度，每个分层高度应找平一次。

（3）毛石外露面的灰缝厚度不得大于 40mm，两个分层高度间分层处毛石的错缝不得小于 80mm。

（4）料石挡土墙宜采用同皮内丁顺相同的砌筑形式。当中间部分用毛石填砌时，丁砌料石伸入毛石部分长度不应小于 200mm。

（5）石砌挡土墙泄水孔当设计无规定时，应符合下列规定：

1）泄水孔应均匀设置，在每米高度上间隔 2m 左右设置一个泄水孔；泄水孔与土体间铺设长宽各为 300mm、厚 200mm 的卵石或碎作疏水层。

2）挡土墙内侧回填土必须分层夯填，分层松土厚度应为 300mm。墙顶土面应有坡度使水流向挡土墙外侧。

五、堤防工程施工技术要求

1. 堤基施工的一般要求

堤基施工系隐蔽工程施工，因此施工技术应从严要求，制定有关施工方案与技术措施，保证堤基施工的质量，避免以后工程运行中产生不可挽回的危害与损失。

对比较复杂或施工难度较大的堤基，施工前应进行现场试验，这是解决堤基施工中存在的问题，取得必要施工技术参数的关键性手段，并有利于堤基处理的组织实施，保证工程质量。

冰夹层和冻胀土层的融化处理，通常采用自然升温法或夜间地膜保温法，以及土墙挡风法等。个别严寒地区亦可考虑在温棚内加温融化，基坑渗水和积水是堤基施工经常遇到的问题，处理不当就会出现事故或造成严重质量隐患，对较深基坑，要采取措施防止坍岸、滑坡等事故的发生，消除隐患。

2. 堤基清理要求

（1）堤基清理的范围应包括堤身、戗台、铺盖、压载的基面，其边界应在设计基面边线外，老堤加高培厚，其清理范围尚应包括堤顶及堤坡。

（2）堤基表层的淤泥、腐殖土、泥炭等不合格土及草皮、树根、建筑垃圾等杂物必须清除。

（3）堤基内的井窖、墓穴、树坑、坑塘及动物巢穴，应按堤身填筑要求进行回填处理。

（4）堤基清理后，应在第一次铺填前进行平整。除了深厚的软弱堤基需另行处理外，还应进行压实，压实后的质量应符合设计要求。

（5）新老堤结合部的清理、刨毛，应符合《堤防工程施工规范》（SL 260—98）的要求。

3. 土料防渗体填筑的要求

（1）黏土料的土质及其含水率应符合设计和碾压试验确定的要求。

（2）填筑作业应按水平层次铺填，不得顺坡填筑。分段作业面的最小长度，机械作业不应小于 100m，人工作业不应小于 50m。应分层统一铺土，统一碾压，严禁出现界沟。当相邻作业面之间不可避免出现高差时，应按照《堤防工程施工规范》（SL 260—98）的规定施工。

（3）必须分层填筑，铺料厚度和土块直径的限制尺寸应符合表 5-7 的规定。

（4）碾压机械行走方向应平行于堤轴线，相邻作业面的碾迹必须搭接。搭接碾压宽度，平行堤轴线方向不应小于 0.5m，垂直堤轴线方向不应小于 1.5m，机械碾压不到的部位应采用人工或机械夯实，夯击应连环套打，双向套压，夯迹搭压宽度不应小于 1/3

夯径。

（5）土料的压实指标应根据试验成果和《堤防工程设计规范》（GB 50286—98）的设计压实度要求确定设计干密度值进行控制。

表 5－7 铺料厚度和土块直径限制尺寸

压实功能类型	压实机具种类	铺料厚度（mm）	土块限制直径（mm）
轻型	人工夯、机械夯	15～20	≤5
	5～10t 平碾	20～25	≤5
中型	12～15t 平碾、斗容 2.5m³ 铲运机、5～8t 振动碾	25～30	≤10
重型	斗容大于 7m³ 铲运机、10～16t 振动碾、加载气胎碾	30～50	≤10

思 考 题

5－1 施工前进行图纸会审有何目的？

5－2 施工前进行技术交底的作用是什么？

5－3 什么是隐蔽工程？

5－4 什么是见证取样？

5－5 施工现场技术管理资料都包括哪些？

5－6 建筑工程质量保证资料一般包括哪些？

5－7 混凝土拌和物出现何种情况者，应按不合格料处理？

5－8 混凝土工程施工对原材料称量的允许偏差有何规定？

5－9 在钢筋混凝土构件中，对钢筋接头有何规定？

5－10 浆砌石施工的技术要求有哪些？

5－11 模板在混凝土浇筑前应做哪些方面的检查？

5－12 土方碾压施工，确定其铺土厚度应考虑哪些因素？

第六章 施工现场资源管理

第一节 资源管理基本知识

一、资源管理的基本概念

（一）资源的概念

资源是指施工过程中所使用的人力资源、材料、机械设备、技术、资金和基础设施等的总称。

（二）资源管理的概念

资源管理是指对上述各种资源进行计划、组织、协调和控制等活动。资源管理主要包括人力资源管理、资金管理、机械设备管理和材料管理等。

项目资源管理极其复杂，主要表现在：

（1）工程实施需要的资源种类多，数量大。

（2）建设过程中，对资源的消耗极不均衡。施工初期和后期对资源的消耗相对较少，中期较多。

（3）资源供应具有复杂性和不确定性。资源供应受外界条件的影响很大，而且资源经常需要在多个项目之间进行调配，这些都使资源供应具有复杂性和不确定性。

（4）资源对项目成本的影响最大。

加强项目管理，必须对拟投入的各项资源进行市场调查与研究，做到合理配置，及时供应，并在生产中强化管理，以尽量小的消耗获得产出，以达到节约活劳动与物化劳动、减少支出的目的。

二、资源管理的作用

加强施工现场的资源管理，就是为了在保证工程施工质量和工期的前提下，节约活劳动和物化劳动，从而节约资源，达到降低工程成本的目的。具体作用如下：

（1）实现资源优化配置。在施工过程中适时、适量地按照一定比例配置所需的各种资源，并投入到施工生产中，以满足施工的需要。

（2）对资源进行优化组合。对投入到施工过程中的各种资源进行适当的搭配，使其能够协调、统一地发挥作用，形成更有效的生产力。

（3）实现了对资源的动态管理。工程项目的实施过程是一个不断变化的过程，对资源的需求也在不断变化，因此对各种资源的配置及组合也要随着工程的实际进展而不断调整，以满足工程的实际需要，这就是动态管理。它是实现资源优化组合和配置的手段与保证。动态管理的基本内容就是按照项目的内在规律，有效地计划、组织、协调和控制各种资源，使其在施工过程中合理地流动，在动态中求得平衡。

（4）实现资源的节约。在项目运转过程中，合理、节约地使用资源（劳动力、材料、机械设备、资金），以起到减少资源消耗的目的。

三、资源管理的程序

资源管理的全过程包括资源的计划、配置、控制和处置。具体来说，包括以下程序：

（1）按照合同要求，编制资源配置计划，确定不同时期内需要投入资源的种类和数量。项目实施时，其目标和工作范围是明确的，资源管理的首要工作就是编制计划。计划是优化配置和组合的手段，目的是对资源的投入时间和投入量作出合理安排，以满足施工进度的需要。

（2）根据资源配置计划，做好各种资源的供应工作。

（3）根据各种资源的特性，采取科学的措施，进行有效的组合，合理投入，动态控制。控制是根据每种资源的特性，制定科学合理的措施，进行动态配置和组合，协调投入，合理使用，纠正偏差，以尽可能少的资源满足项目要求，达到节约资源、降低成本的目的。动态控制是资源管理目标的过程控制，包括对资源利用率和使用效率的监督、闲置资源的处理、资源随项目实施任务的增减变化及时调度等，通过管理活动予以实现。

（4）对资源投入和使用情况进行定期分析，找出存在的问题，总结经验并持续改进。

四、资源管理的内容

施工现场资源管理的内容包括人力资源管理、资金管理、材料管理和机械设备管理等内容。

（一）人力资源管理

人力资源泛指施工生产过程中从事各种生产活动的体力劳动者和脑力劳动者，包括不同层次和职能的管理人员及参与工作的各种工人（不同专业、不同级别的劳动力、操作工和修理工等）。

人力资源管理在整个资源管理中占有很重要的地位。人是生产力中最活跃的因素，具有能动性和创造性，只有加强对人力资源的管理，把他们的积极性充分调动起来，才能够更好地使用手中的材料、机械设备和资金，发挥它们的最大作用，把工程建设搞好。

项目人力资源管理的任务，就是根据项目目标，不断获取项目所需人员，并将其组合到项目组织中去，使之与项目团队融为一体。人力资源的使用，关键在于明确责任，提高工作效率；提高效率的关键是如何调动职工的积极性，调动职工积极性的最好办法是加强思想政治工作和利用行为科学，从劳动者个人的需要和行为科学的观点出发，责、权、利相结合，多采取激励措施，并在使用中重视对他们的培训，提高他们的综合素质。

人力资源管理的主要内容包括以下几个方面：

（1）在人力资源需用量计划基础上编制各种需求计划。

（2）如果现有的人力资源能够满足要求，配置时应贯彻节约的原则；如果现有人力资源不能满足要求，可以考虑用农民合同工或临时工。

（3）人力资源配置应该积极可靠，让班组有超额完成指标的可能，以获得奖励，调动劳动者的积极性。

（4）尽量使施工项目使用的人力资源组织上保持稳定，防止频繁调动；为保证作业需要，工种组合、技术工人及壮工比例必须配套。

（二）资金管理

资金也是一种资源，从流动过程来讲，首先是投入，即将筹集到的资金投入到施工项目上；其次是使用，也就是支出。资金的合理使用是施工有序进行的重要保证。资金管理应保证收入、节约支出、防范风险和提高经济效益。

工程项目的资金管理有编制资金计划、筹集资金、投入资金、资金使用（支出）、资金核算与分析等环节。

施工过程中，资金来源的渠道主要有预收工程款、已完工程施工价款结算、银行贷款和企业的自由资金等。工程开工前，项目经理应根据施工合同、承包造价、施工进度计划、施工项目成本计划、物资供应计划等来编制相应的年、季、月度资金使用计划；开工后，及时向发包人收取工程预付款，做好分期核算、预算增减账、竣工结算等工作。

（三）材料管理

建筑材料按在生产中的作用可分为主要材料、辅助材料和其他材料。主要材料是指在施工中被直接加工，构成工程实体的各种材料，如钢材、水泥、砂石、木材等。辅助材料是指在施工中有助于产品的形成，但不构成实体的材料，如促凝剂、润滑物等。其他材料是指不构成工程实体，但是在施工过程中又是必不可少的材料，如燃料、油料等。另外还有周转材料，如脚手架、模版工具、预制构配件、机械零配件等。

一般工程中，建筑材料占工程造价的 70% 左右，因此加强对材料的管理对于保证工程质量、降低工程成本都将起到积极的作用。施工现场材料的管理在使用、节约和核算方面，尤其是节约方面潜力巨大。

施工现场材料管理的主要内容有以下几个方面：

（1）材料计划管理。工程开工前，应该编制材料需求计划，作为供应备料的依据。在施工过程中，根据工程实际进度、工程变更以及调整的施工预算，及时调整材料月计划，作为动态供料的依据。

（2）材料进场验收。材料进场时，必须根据材料进料计划、送料凭证、材料质量保证书或产品合格证等进行材料数量和质量的验收；验收工作要严格按照质量验收规范和计量检测的规定进行；验收内容包括对材料品种、规格、型号、质量、数量等的验收；验收时要做好验收记录，办理验收手续，对不合格的材料或不符合计划要求的材料应拒绝验收，并督促其运出现场。

（3）材料的储存与保管。材料验收无误后应该及时入库，建立台账，对材料的保管必须做到防火、防盗、防雨、防变质、防损坏。

（4）材料领发。凡有定额的工程用料，凭限额领料单领发材料；施工设施用料也实行定额发料制度，对设施用料计划进行总控制；超限额的原料，用料前应办理手续，填制限额领料单，注明超耗原因，经签发批准后实施；建立领发料台账，记录领发状况和节超情况。

（5）材料使用监督。施工现场材料管理责任者应该对现场材料的使用进行监督。主要从以下几个方面进行：是否合理地使用材料，是否严格执行配合比，是否认真执行领、发料手续，是否严格进行用料交底和工序交接，是否按要求对材料进行保护、堆放等。

（6）材料回收。施工过程中，班组有余料必须进行回收，及时办理退料手续，并在领料单中登记扣除。设施原料、包装物等在使用周期结束后应该组织回收。建立回收台账，处理好经济关系。

（四）机械设备管理

施工项目的机械设备，主要指施工过程中所需的施工设备、临时设施和必须的后勤供应。施工设备包括塔吊设备、运输设备、混凝土拌和设备等。临时设施包括施工用仓库、宿舍、办公室、工棚、厕所、现场施工用供排系统（水电管网、道路等）。

机械设备管理，是指按照机械设备的特点，为了充分发挥机械设备的优势，解决好人、机械设备和施工生产对象之间的关系，从而获得最佳的经济效益而进行的计划、组织、指挥、调节、监督等工作，包括技术管理和经济性管理。技术管理是指对机械设备的选用、验收、安装、调试、使用、保养、检修等方面的技术因素进行的管理。经济性管理，是根据机械设备的价值运动形态对机械设备的支出费用、收入费用及价值还原费用等经济因素进行的管理。

机械设备管理的主要任务在于正确选择机械设备，保证机械设备在使用过程中处于良好状态，减少机械设备的闲置、磨损、损坏等，提高机械化施工水平，提高使用效率。机械设备管理的关键在于提高机械设备的使用效率，而提高使用效率必须提高其利用率和完好率。利用率的提高在人，而完好率的提高在于保养和维修。

第二节 资源管理计划

一、资源管理计划概述

资源管理计划涉及决定什么样的资源及多少资源将用于整个工程，将项目实施所需要的各种资源按照正确的时间、正确的数量进行供应，并降低资源的成本消耗。

（一）资源管理计划的基本要求

（1）资源管理计划应该包括建立资源管理制度，编制资源使用计划、供应计划和处置计划，确定控制程序和责任体系。

（2）资源管理计划应依据资源供应条件、施工现场条件等编制。

（3）资源计划必须纳入到进度管理中。在编制网络进度计划时，如果不考虑资源供应条件的限制，将会导致网络进度计划不可执行。

（4）资源管理计划必须纳入到项目成本管理中，作为降低成本的重要措施。

（5）资源管理计划还应该体现在项目实施方案以及技术管理和质量控制中。

（二）资源管理计划的内容

（1）资源管理制度。包括人力资源管理制度、资金管理制度、机械设备管理制度、材料管理制度。

（2）资源使用计划。包括人力资源使用计划、资金使用计划、机械设备使用计划、材料使用计划。

（3）资源供应计划。包括人力资源供应计划、资金供应计划、机械设备供应计划、材料供应计划。

（4）资源处置计划。包括人力资源处置计划、资金处置计划、机械设备处置计划、材料处置计划。

（三）资源管理计划编制的过程

（1）确定所需资源的种类、数量和用量。在工程技术设计和施工方案的基础上初步确定资源的种类、质量和用量，可以根据工程量表和资源消耗定额确定各阶段资源的种类、质量和用量，然后加以汇总，进而得到整个工程各种资源的总用量。

（2）调查资源供应情况。包括调查市场上各种资源的单价，进而得出各种资源的总费用；调查各种资源的可能供应渠道，以及供应商的供应能力、材料质量等。

（3）确定各种资源使用的约束条件。如总量限制、单位时间用量限制、供应条件和过程的限制等。对进口材料和设备，还应考虑国家法规和政策的影响及资源的安全性、可用性和经济性等。

（4）确定资源使用计划，即确定各种资源的使用时间和地点。这一过程应该在进度计划的基础上确定，作此计划时，可假定资源在时间上平均分配，从而得到单位时间的投入量。资源计划的制订往往要和进度计划的制订结合在一起考虑。

（5）确定资源的供应方案、供应环节及具体的时间安排等。如人力资源的招雇、培训，材料的采购、运输、储存等。应该做到与网络计划相互对应，协调一致。

（6）确定后勤保障体系。如确定施工现场水电管网的布置，确定材料仓储的位置，确定项目办公室、职工宿舍、工棚、运输机械的数量及平面布置等。后勤保障体系对项目的施工具有不可忽视的作用，在资源计划中必须予以考虑。

二、人力资源管理计划

人力资源管理计划包括人力资源需求计划、人力资源配置计划、人力资源经济激励计划、人力资源培训计划等。

（一）人力资源需求计划

1. 确定劳动效率

工程施工中，劳动效率通常用"产量/单位时间"或"工时消耗量/单位工作量"来表示。对某个具体工程来说，单元工程量一般是确定的，可以通过图纸和规范的计算得到，但是劳动效率的确定却十分复杂，它可以在定额中直接查到，代表了社会平均先进的劳动效率。但在实际应用时，还必须考虑该工程的具体情况，如周围的环境条件、气候条件、地形地貌条件、施工方案、现场平面布置、现场道路等，根据其进行具体调整。

根据劳动力的劳动效率，即可得出劳动力投入的总工时，其计算式如下：

$$劳动力投入总工时 = \frac{工程量}{产量/单位时间} = 工程量 \times \frac{工时消耗}{单位工程量} \quad\quad (6-1)$$

2. 确定劳动力投入量

先了解一下施工现场劳动力组织。劳动力组织是指劳务市场向施工项目供应劳动力的组织方式及施工班组中工人的结合方式。施工现场劳动力组织有以下几种：

（1）专业班组。专业班组即按照施工工艺，由同一工种（专业）工人组成的班组。专业班组只完成其专业范围内的施工过程，如钢筋工种班组、混凝土工种班组等。这种组织形式的优点是有利于提高专业施工水平，提高工人的熟练程度和劳动效率，缺点是不同班组之间的协作配合难度增加。

（2）混合班组。混合班组由相互联系的不同工种工人组成，可以在一个集体中进行混合作业，工作中可以打破每个工人的工种界限，可以做不同工种的作业。这种组织形式的优点是对协调有利，但是不利于工人专业技能和熟练水平的提高。

（3）大包队。大包队实际上是扩大了的专业班组或混合班组，适用于一个单位工程或单元工程的作业承包，队内可以划分专业班组。这种组织形式的优点是可以进行综合承包，独立施工能力强，有利于协作配合，简化了管理工作。

除了上述几种劳动力组织外，施工现场还有这样一类人员，他们不直接从事施工任务，但却必不可少，如服务人员（医生、司机、厨师等）、勤杂人员、工地管理人员等，可以称他们为间接劳动力组织。

劳动力投入量也称投入强度，在工程劳动力投入总工时一定的情况下，假设在持续的时间内，劳动力投入强度和劳动效率相等，在每日班次及每班次的劳动时间确定的情况下，可以按下式进行计算：

$$某活动劳动力投入量 = \frac{劳动力投入总工时}{班次/日 \times 工时/班次 \times 活动持续时间}$$

$$= \frac{工程量 \times 工时消耗量 \times 单位工程量}{班次/日 \times 工时/班次 \times 活动持续时间} \qquad (6-2)$$

3. 劳动力需求计划编制

（1）项目管理人员、专业技术人员需求计划的确定。

1）根据工作岗位编制计划，并参考已完成的类似工程经验对管理人员、专业技术人员的需求作出预测。在人员需求中，应明确职务名称、人员需求数量、知识技能等方面的要求，选择的方法和程序，希望到岗的时间等。

2）管理人员需求计划编制，应该提前做好工作分析，即对特定的工作职务作出明确的规定，规定这一职务的人员应该具备怎样的素质，如工作内容、工作岗位、工作时间、如何操作等。根据分析的结果，编制工作说明书，制定工作规范。

（2）劳动力需要量计划的确定。在编制劳动力需要量计划时，由于工程量、劳动力投入量、持续时间、班次、每班工作时间之间存在一定的变量关系，因此要注意它们之间的相互调节。劳动力需要量计划应该根据工程量表所列的不同专业工种的工程量来编制。查劳动定额可得出不同工种的劳动量，再根据进度计划中各单元工程各专业工种的持续时间，即可得到该部分工程在某段时间内各专业工种的平均劳动力数量。最后在进度计划表中对各个工种人数进行累加即得各工种劳动力动态曲线。

（3）间接劳动力需求计划。间接劳动力需求计划可根据劳动力投入量的计划按比例计算，或根据现场实际需要配置。对于大型施工项目，这些人员的投入比例较大，约为5%～10%；中小型项目投入人数较少。

劳动力需求计划是根据施工进度计划、工程量、劳动效率依次确定专业工种、进场时间、工人数量，然后汇集成表格形式，它可作为现场劳动力调配的依据，见表6-1。

表 6-1

劳 动 力 需 求 计 划

序号	工种		人数	×月			×月			备注
	名称	级别		上旬	中旬	下旬	上旬	中旬	下旬	

（二）人力资源配置计划

人力资源的合理配置是保证生产计划或施工项目进度计划顺利进行的保证。合理配置人力资源，是指劳动者之间、劳动者与生产资料和生产环境之间达到最佳的结合，使人尽其才，物尽其用，时尽其效，不断提高劳动生产率，降低工程成本。

1. 人力资源配置计划的依据和要求

就施工项目而言，人力资源配置的依据有施工进度计划、可供项目使用的人力资源情况及其他制约因素，如单位招聘人员的惯例、招聘程序、招聘原则等。

人力资源配置时应该满足以下要求：

（1）结构合理。即劳动力组织中的技能结构、知识结构、年龄结构、工种结构等与所承担的施工任务相适应，能够满足施工和管理的要求。

（2）数量合适。根据工程量、劳动定额、施工工艺及工作面的大小确定劳动力的数量，不多配或少配人员。

（3）素质匹配。即劳动者的技能素质与所操作的设备、工艺技术的要求相匹配；劳动者的文化程度、劳动技能、身体素质、熟练程度能够胜任所担任的工作。

2. 人力资源配置计划编制的内容

（1）制定合理的工作制度与运营班次，提出具体的工作时间及工作班次方案。

（2）确定各类人员应具备的劳动技能和文化素质。

（3）确定人员配置数量，根据精简高效的原则和劳动定额，提出不同岗位所需人员的数量。

（4）研究确定劳动生产率。

（5）测算职工工资和福利费用。

（6）提出员工选聘方案，特别是高层次管理人员和技术人员的来源和选聘方案。

3. 人力资源配置计划编制的方法

（1）按照劳动定额定员，即根据工作量或生产任务量，按劳动定额计算生产定员人数，劳动定额有时间定额和产量定额两种基本形式。

时间定额是指完成某单位产品或某项工序所必需的劳动时间，及具有某种技术等级的工人所组成的某种专业（或混合）班组或个人，在正常施工条件下完成某一计量单位的合格产品（或工作）所必需的工作时间。其中包括：准备与结束时间、基本工作时间、辅助工作时间以及不可避免的中断时间等。时间定额一般以工日为单位，每一工日按8h计算。

产量定额是指在单位时间内应该完成的产品数量，即在正常施工条件下，具有某种技术等级的工人，所组成的某专业（或混合）班组或个人，在单位工日内，应完成的合格产品（或工作）数量。

（2）按岗位计算定员，即根据设备操作岗位和每个岗位需要的工人数计算生产定员人数。

（3）按设备计算定员，即根据机械设备的数量、工人操作设备定额和生产班次等计算生产定员人数。

（4）按比例计算定员，服务人员数量的确定，可按服务人数占职工总数或者生产人员数量的比例计算。

（5）按劳动效率计算定员，即根据生产任务和生产人员的劳动效率计算生产定员人数。

（6）按组织机构职责范围、业务分工计算管理人员的数量。

（三）人力资源激励计划

为了能够比较经济地实现施工目标，常采用激励手段来提高产量和生产率，常用的激励手段有行为激励方法和经济激励计划两种。行为激励方法如改善职工的生活条件、工作条件，改善伙食等，这样虽然可以创造出健康的工作环境，提高劳动者的积极性，但是经济激励计划却可以使职工直接受益，可以更大地调动工人的积极性。

经济激励计划的类型有：

（1）时间相关奖励计划。即工人超时工资按基本小时工资成比例的计算。

（2）工作相关奖励计划。即对于可以测量的已完成的工作量按实际完成的工程量付给工人。

（3）一次付清工作报酬。该计划有两种方式：一种是按比计划节省的时间付给工人工资；另一种是按完成具体工作的工程量，一次付清。

（4）按利润分享奖金，在预先确定的时间内，按月、季度、半年或一年支付奖金。

工程施工中，到底采用哪一种激励计划，与工程项目的类型、任务和工作性质有很大的关系，不管采用哪一种方式，都应该明确激励的起点是满足员工的需要。由于不同员工的需要具有差异性和动态性，管理者只有在掌握了员工需要的前提下，有针对性地采取激励措施，才能起到积极作用。如对于收入水平较高的员工，职务晋升、职称的授予，提供相应教育条件，放手让其工作会收到更好的激励效果；对于低收入员工，奖金的作用就十分重要；对于从事笨重、危险、工作环境恶劣的体力劳动者，搞好劳动保护，改善劳动条件，增加岗位津贴，给予适当的关心等都是非常有效的激励手段。

（四）人力资源培训计划

1. 职工培训的要求

（1）从实际出发，兼顾当前和长期需要，采取多种形式，如岗前培训、在职学习、业余学习、专业技术训练班等。

（2）职工培训要有针对性和实用性，能够直接有效地为生产工作服务，讲究质量、注重实效。

（3）建立专门的培训机构，建立考试考核制度。

2. 人力资源的培训内容

人力资源培训计划的内容包括培训内容、培训时间、培训方式、培训人数、培训经费等。编制劳动力培训计划的具体步骤如下：

（1）调查研究阶段。研究我国关于劳动力培训的目标、方针和任务，以及工程项目对劳动力的要求；预测工程项目在计划内的发展情况以及对各类人员的需求量；摸清劳动力的技术水平、文化水平以及其他各方面的素质；摸清项目的培训条件和实际培训能力，如培训经费、师资力量、培训场地等。

（2）计划起草阶段。经过综合分析，确定职工教育发展的总目标和分目标；制定详细的实施计划，包括计划实施的过程、阶段、步骤、方法、措施和要求等；经过充分讨论，将计划用文字或图表的形式表示出来，形成文件形式的草件；上报项目经理批准形成正式文件，下达基层并付诸实施。

三、材料管理计划

施工现场材料管理计划包括材料需求计划、材料使用计划等。

（一）材料需求计划

项目经理部应该及时向企业物资部门提供主要材料、大宗材料需用计划，由企业负责采购。工程材料需用计划一般包括整个项目（或单位工程）和各计划期（年、季、月）的需用计划。准确确定材料需要数量是编制材料计划的关键。

整个项目（或单位工程）材料需要量计划，主要根据施工组织设计和施工图预算，整个项目材料需要量计划应于开工前提出，作为备料依据。它反映了单位工程、分部工程和单元工程材料的需要量。材料需要量计划编制方法是将施工进度计划表中各施工过程的工程量按材料名称、规格、数量、使用时间汇总而得的。

计划期材料需要量计划，根据施工预算、施工进度及现场施工条件，按照工程计划进度编制材料需要量计划，作为计划期备料依据。计划期需用量是指一定生产期（年、季、月）的材料需用量，主要用于组织材料采购、订货和供应，编制的主要依据是分部工程（或单位工程）的处理计划、计划期的施工进度计划以及材料定额。由于施工过程材料消耗的不均匀性，还必须考虑材料的储备问题，合理确定材料期末储备量。

1. 材料需求量的计算

材料需求量的确定有直接计算法和间接计算法两种，使用时根据工程的具体情况来进行选择。

（1）直接计算法。对于工程任务明确、施工图纸齐全的情况可按以下步骤进行：

1）直接按施工图纸计算分部分项工程实物量。

2）套用相应材料的消耗定额，逐条逐项计算各种材料的需要量。

3）汇总编制材料的需求计划。

4）按施工进度分期编制各期材料需求计划。

（2）间接计算法。对于施工任务已经落实，但设计尚未完成，技术资料不全，不具备直接计算实物量的情况，为了事先做好备料工作，可采用间接计算法。常用的间接计算法有概算指标法、比例计算法、类比计算法、经验估计法等。

2. 材料总需求计划的编制

（1）编制依据。编制材料总需求计划的主要依据有：项目设计文件、投标书中的《材料汇总表》、施工组织计划、当期材料的物资市场采购价格及有关材料消耗定额等。

（2）编制步骤。

1）材料需求计划编制人员与投标部门进行联系，了解投标书中的《材料汇总表》。

2）材料需求计划编制人员查看经主管领导审批的项目施工组织设计，了解工程的进度安排和机械使用计划。

3）根据本单位资源和库存情况，对工程所需物资供应计划进行策划，确定采购或租赁的范围，进而确定材料的供应方式并了解材料当期市场价格。

4）进行具体编制，可按表6-2进行。

表6-2　　　　　　　　　　单位工程物资总量供应计划表

项目名称：

序号	材料名称	规格	单位	数量	单价	金额	供应单位	供应方式

制表人：　　　　　　审核人：　　　　　　　　审批人：　　　　　　　　制表时间：

3. 材料计划期（季、月）需求计划的编制

（1）编制依据。计划期材料计划主要用来组织本计划期（季、月）内材料的采购、订货和供应等，其编制依据有：施工项目的材料计划、项目施工组织设计、企业年度方针目标、年度施工计划、现行材料消耗定额、计划期内的施工进度计划等。

（2）编制方法。

1）定额计算法。根据施工进度计划中各单元工程量获取相应的材料消耗定额，求得各单元工程的材料需求量，然后进行汇总，得到计划期内各种材料的总需要量。

2）卡段法。根据计划期施工进度的形象部位，从施工项目材料计划中，摘出与施工进度相应部分的材料需求量，然后进行汇总，得到计划期内各种材料的总需要量。

（3）编制步骤。

1）了解企业年度方针目标和本项目全年计划目标。

2）了解工程年度施工计划。

3）根据市场行情，套用现行定额，编制年度计划。

4）编制季、月度需求计划，月度需求计划也称物资备料计划，见表6-3。

表6-3　　　　　　　　　　物 资 备 料 计 划

项目名称：　　　　　　计划编号：　　　　　　编制依据：

序号	材料名称	规格	单位	数量	质量标准	备注

制表人：　　　　　　审核人：　　　　　　　　审批人：　　　　　　　　制表时间：

（二）材料供应计划

1. 材料供应量计算

材料供应计划是在确定计划期需用量的基础上，预计各种材料期初储存量、期末储备量，经过综合平衡后，计算出材料的供应量，然后再进行编制。材料供应量的计算公式如下：

$$材料供应量＝材料需用量＋期末储备量－期初库存量 \qquad (6-3)$$

式中，期末储备量主要是由供应方式和现场实际条件决定的，一般情况下，可按下式计算：

$$某项材料储备量＝某项材料的日需用量×（该项材料供应间隔天数$$
$$＋运输天数＋入库检验天数＋生产前准备天数） \qquad (6-4)$$

2. 材料供应计划编制原则

（1）材料供应计划的编制，只是计划工作的开始，重要的是计划的实施。实施的关键是实行配套供应，也就是说对各分部、单元工程所需的材料品种、数量、规格、时间及地点组织配套供应，不能缺项颠倒。

（2）实行承包责任制，明确供求双方的责任和义务，签订供应合同，以确保施工项目的顺利进行。

（3）在执行计划的过程中，如遇到设计修改、施工工艺变更时，对计划应作相应的调整和修订，但必须有书面依据并制定相应的措施，并及时通告有关部门，积极妥善处理并解决材料的余缺以避免和减少损失。

3. 材料供应计划编制内容

材料供应计划的编制，要注意从数量、品种、时间等方面进行平衡，以达到配套供应，均衡施工。计划中要明确物资的类别、名称、品种（型号）、规格、数量、进场时间、交货地点、验收人、编制日期、编制依据、送达日期、编制人、审核人、审批人等。

材料供应计划一旦确定，就要严格执行，在执行的过程中，应该定期或不定期地进行检查。检查的主要内容有：供应计划的落实情况、订货合同执行情况、材料采购情况、主要材料的消耗情况、主要材料的储备情况等，以便及时发现问题、解决问题。材料供应计划见表6-4。

表 6-4　　　　　　　　　材 料 供 应 计 划

编制单位：　　　　　　工程名称：　　　　　　编制日期：

材料名称	规格型号	计量单位	期初预计库存	计划需用量				期末库存量	计划供应量					供应时间		
				合计	其中				合计	市场采购	挖潜待用	加工自制	其他	第一次	第二次	……
					工程用料	周转材料	其他									

四、机械设备管理计划

（一）机械设备的选择

1. 考虑因素

机械设备选择的目的是为了使机械设备在技术上先进、经济上合理，在一般情况下，技术先进、经济合理是统一的，但由于设计、制造使用条件等的不同，两者之间会经常出现一些矛盾。先进的机械设备在一定条件下不一定是经济合理的，因此在实际中，必须考虑技术和经济的要求，综合多方面因素进行比较分析。

（1）应该考虑企业的现有装备，在现有装备能够满足施工要求的情况下，能不增加设备尽量不要增加；必须要增加，一定要算好经济账。

（2）选择既能满足生产，技术又先进，经济又合理的机械设备，分析设备购买和租赁的分界点，进行合理配置。

（3）设备选择应该满足配套使用的要求，大、中、小型机械种类和数量要比例适当。

（4）机械设备的选择还应该考虑其技术性能，如设备的工作效率、操作人员及辅助人员、施工费和维修费、操作的难易程度、灵活性、维修的难易程度等。

2. 选择方法

施工中，往往有多种机械可以满足施工需要，但是不同的机械由于其技术指标不同，故对工期的缩短、劳动消耗量的减少、成本的降低也不同，所以必须经济合理地选择机械设备。

（1）综合考虑各种因素法。综合考虑各种因素法即在技术性能均能满足施工要求的前提下，综合考虑各机械的工作效率、工作质量、使用费和维修费、能源耗费量、占用人员、安全性、稳定性等其他特性对机械进行选择。综合指标的计算可以用加权评分法（表6-5），也可以用简单评分法。

表 6-5 加 权 评 分 表

序号	机械特性	等级	标准分	甲机	乙机	丙机
1	工作效率	A B C	10 8 6	10	10	8
2	工作质量	A B C	10 8 6	8	10	8
3	使用费和维修费	A B C	10 8 6	10	8	10
4	能源耗费量	A B C	10 8 6	8	6	8
5	占用人员	A B C	10 8 6	8	8	6

续表

序号	机械特性	等级	标准分	甲机	乙机	丙机
6	安全性	A B C	10 8 6	10	8	6
7	服务项目多少	A B C	10 8 6	10	10	8
8	稳定性	A B C	10 8 6	8	6	8
9	完好性和维修难易程度	A B C	10 8 6	8	8	8
10	安、拆、用的难易及灵活性	A B C	10 8 6	8	8	10

表 6-5 中每项机械性能指标满分均为 10 分，每项分三级，采用加权评分法，评定结果是甲机械得分最高，所以选用甲机械。

（2）单位工程量成本法。使用机械时，总要消耗一定的费用，这些费用按其性质不同可分为两大类：一类是可变费用（操作费），这类费用随机械的操作时间而变化，如操作人员的工资、燃料费、保养和修理费等；另一类是固定费用，这类费用是按施工期限分摊的费用，无论机械工作与否，它都发生，如折旧费、机械管理费、大修理费等。用这两类费用计算单位工程量成本的公式是：

$$单位工程量成本 = \frac{操作时间固定费用 + 操作时间 \times 单位时间操作费}{操作时间 \times 单位时间产量} \qquad (6-5)$$

【例 6-1】　有甲、乙两种挖土机械都可以满足施工需要，假设每种机械每月的使用时间为 150h，两种机械的固定费用及单位时间操作费见表 6-6，试按单位工程量成本法选择合适的机械。

表 6-6　　　　　　　　　　　　挖土机械的经济资料表

机　种	固定费用 （元/月）	单位时间操作费 （元/h）	单位时间产量 （m³/h）
甲	7000	30.5	45
乙	8500	28.0	50

解：甲、乙两种机械的单位工程量成本计算如下：

$$甲单位工程量成本 = \frac{7000 + 30.5 \times 150}{150 \times 45} = 1.71 (元/m^3)$$

$$乙单位工程量成本 = \frac{8500 + 28 \times 150}{150 \times 50} = 1.69 (元/m^3)$$

乙机的单位工程量成本小，故选用乙机。

（3）界限使用时间选择法。从式（6-5）可以看出，单位工程量成本受使用时间的制约，当两种机械的单位工程量成本相同时，如能计算出设备的使用时间，对我们的选择将会更有利，我们把这个时间称为设备的界限使用时间，用 X_0 表示。

假设甲、乙两种机械都满足施工需要，并已知甲、乙两机的固定费用分别为 R_a 和 R_b（$R_a < R_b$），单位时间操作费用为 P_a 和 P_b（$P_a > P_b$），单位时间产量分别为 Q_a 和 Q_b。两机的单位工程量成本相等可表示为

$$\frac{R_a + P_a X_0}{Q_a X_0} = \frac{R_b + P_b X_0}{Q_b X_0} \tag{6-6}$$

可解出

$$X_0 = \frac{R_b Q_a - R_a Q_b}{P_a Q_b - P_b Q_a} \tag{6-7}$$

假定两机的单位时间产量相等，则界限使用时间为

$$X_0 = \frac{R_b - R_a}{P_a - P_b} \tag{6-8}$$

当使用机械的时间少于 X_0 时，选用机械甲为优；相反，则选用机械乙。

从上面的叙述可以看出，用界限使用时间法选择施工机械时，需先计算出界限使用时间，然后根据实际工程的机械使用时间来选择。

【例 6-2】 根据［例 6-1］的基本资料，求出界限使用时间，并判断使用 100h 和 140h 时应该选用哪种机械？

解： 界限使用时间为

$$X_0 = \frac{R_b Q_a - R_a Q_b}{P_a Q_b - P_b Q_a} = \frac{8500 \times 45 - 7000 \times 50}{30.5 \times 50 - 28 \times 45} = 123(\text{h})$$

由于 $R_a < R_b$，$P_a > P_b$，故当使用时间为 100h 时，选用甲机械；使用时间为 140h 时，选用乙机械。

（二）机械设备需求计划

1. 机械设备需求计划

机械设备需求计划主要用于确定施工机具设备的类型、数量、进场时间，从而组织设备进场。其编制方法为：对照工程施工进度计划确定每一个施工过程每天所需的机具设备类型、数量，并将其和施工日期进行汇总，即得出机械设备需用量计划。其表格形式见表6-7。

表 6-7　　　　　　　　　　　　机械设备需用量计划表

序号	机械名称	类型、型号	需 用 量		货源	使用起止时间	备注
			单位	数量			

2. 机械设备使用计划

机械设备使用计划编制的依据是工程施工组织设计，施工组织设计包括工程的施工方案、施工方法、措施等。同样的工程采用不同的施工方法、生产工艺及技术安全措施，选用的机械设备不同，机械设备投入量也不同。因此，编制施工组织设计，应在考虑合理的施工方法、工艺、安全措施时，还应该考虑用什么设备去组织生产，才能够合理有效、保质保量、经济地完成施工任务。

五、资金管理计划

（一）资金管理的目的

1. 保证收入

生产的正常进行需要一定的资金来保证，资金来源包括公司拨付资金，向发包人收取工程进度款和预付备料款，以及通过公司获取银行贷款等。

抓好工程预算结算，以尽快确定工程价款总收入，是施工单位工程款收入的保证。开工以后，随着工、料、机的消耗，生产资金陆续投入，必须随工程施工进展抓好已完工程的工程量确认及变更、索赔、奖励等工作，及时向建设单位办理工程进度款的支付。

在施工过程中，特别是工程收尾阶段，为保证工程款能够足额拿到，应注意消除工程质量缺陷，因为工程质量缺陷暂扣款有时需占用较大资金。同时还要注意做好工程保险，工程尾款在质量缺陷责任期满后及时收回。

2. 提高经济效益

项目经理部在项目完成后要做资金运用状况分析，以确定项目经济效益。项目经济效益的好坏，很大程度取决于能否管好用好资金。

在支付工、料、机生产费用上，必须考虑货币的时间因素，签好有关付款协议，货比三家，压低价格。一旦发生呆账、坏账，应收工程款只停留在财务账面上，利润就实现不了。

3. 节约支出

抓好开源节流，组织好工程款回收，控制好生产费用支出，保证项目资金正常运转，在资金周转中使投入能够得到补偿并增值，才能保证生产能够持续进行。

4. 防范资金风险

项目经理部对资金的收入和支出要做到合理的预测，对各种影响因素进行正确评估，才能最大限度地避免资金收入和支出风险。

（二）资金收支计划

1. 资金支出计划

项目资金的支出主要用于劳动对象和劳动资料的购买或租赁，劳动者工资的支付和现场的管理费用等。

工程项目的支出计划包括：材料费支付计划；人工费支付计划；机械设备费支付计划；分包商工程款支付计划；现场管理费支出计划；其他费用计划（如保险费、上级管理费、利润等）等。

成本计划中的材料费是工程实际消耗的材料价值。材料使用前，有一个采购、订货、运输、入库、贮存的过程，材料款的支付通常按采购合同的规定支付，其支付方式有以下几种：

（1）订货时交定金，到货后付清。

（2）提货时一笔付清。

（3）供应方负责送货，到达工地后付款。

（4）在供应后一段时间付款。

2．工程款收入计划

工程款收入计划即业主工程款支付计划，它与工程进度和合同确定的付款方式有关。

（1）工程预付款的收取。在合同签订后，工程正式施工前，业主可以根据合同中工程预付款的规定，事先支付一笔款项，让承包商做施工准备，这笔款项在以后的过程进度款中按一定比例扣除。

（2）按月进度收款。按合同规定，工程款可以按月进度进行收取，即在每月月末将该月实际完成的分项工程量按合同规定进行结算，即可得出当月的工程款。但是实际上，这笔工程款要在第二个月甚至是第三个月才能收取。

按照 FIDIC 条件规定，月末承包商提交该月工程进度账单，由工程师在 28 天内审核并递交业主；业主在收到账单后 28 天内支付，所以工程款的收取比成本计划要滞后 1～2个月，并且许多未完成工程还不能结算。

（3）按工程形象进度分阶段收取。水利工程项目一般可分为导（截）流、水库下闸蓄水、引（调）水工程通水等几个阶段，工程款的收取可以按阶段进行收取。这样编制的工程款收入计划呈阶梯状。

3．现金流量计划

在工程款支付计划和工程款收入计划的基础上，可以得到工程的现金流量，可以通过表格或图的形式反映出来。通常，按时间将工程支付和工程收入的主要费用项目列在一张表中，按时间计算出当期收支相抵的余额，在此基础上绘出现金流量图。

由于工程款收入计划和工程款支付计划之间存在一定的差异，如果出现正现金流量，也就是承包商占用他人资金进行施工，这固然很好，但在实际中很难实现。现实中，工程款收入与支付计划之间经常出现负现金流量，为了保证工程的顺利进展，承包商必须自己先垫付这部分资金。所以要取得项目的成功，必须要有财务的支持，现实中通常采用融资的方式来解决。项目融资的渠道很多，如施工企业的自由资金、银行贷款、发行股票、发行债券等。

4．资金收支计划的编制

（1）年度资金收支计划的编制。年度资金收支计划的编制，要根据施工合同工程款支付的条款和年度生产计划安排，预测年内可能达到的资金收入，再参照施工方案，安排工、料、机费用等资金分阶段投入，做好收入与支出在时间上的平衡。编制年度资金计划，主要要摸清工程款到位情况，测算需要筹集的资金的额度，安排资金分期支付，平衡资金，确定年度资金管理工作总体安排。这对于保证工程项目顺利施工，保证充分的经济支付能力，稳定职工队伍，提高职工生活，顺利完成各项税费基金的上缴是十分重要的。

（2）季度、月度资金收支计划的编制。季度、月度资金收支计划的编制，是年度资金收支计划的落实与调整，要结合生产计划的变化，安排好季度、月度资金收支。尤其是月度资金收支计划，要以收定支，量入为出，根据施工月度进度计划，计算出主要工、料、机费用及分项收入，并结合材料月末库存，由项目经理部各个用款部门分别编制材料、人工、机械、管理费用及分包单位支出等分项用款计划，报财务部门汇总平衡。汇总平衡后，报公司审批，项目经理部将其作为执行依据，组织实施。

第三节　资源管理控制

一、人力资源管理控制

（一）劳动定员管理

1. 职工分类

施工企业的职工按其工作性质和劳动岗位可分为管理人员、专业技术人员、生产人员、服务人员、其他人员五种。

（1）管理人员是在指企业职能部门从事行政、生产、经济管理等工作的人员。

（2）专业技术人员是指从事与生产、经济活动有关的技术活动以及管理工作的专业人员。

（3）生产人员是指直接参加施工活动的物质生产者，包括建筑安装人员、附属辅助生产人员、运输装卸人员以及其他生产人员等。

（4）服务人员服务于职工生活或间接服务于生产的人员，如医生、司机、厨师等。

（5）其他人员，如脱产实习人员等。

2. 劳动定员的编制

劳动定员的编制方法有按劳动定额定员、按岗位定员、按设备定员、按比例定员、按劳动效率定员、按组织机构定员等。具体方法在人力资源管理计划中已作介绍。

3. 劳动力优化组合

定员以后，需要按照分工合作的原则，合理配备班组人员，组合方法有以下几种：

（1）自愿组合。这种组合方式可以改善职工的人际关系，消除了因感情不和而影响生产的现象，可提高工人的劳动积极性和劳动效率。

（2）招标组合。对某些又脏又累、危险性高的工种，可实行高于其他工种或部门的工资福利待遇而进行公开招标组合，使劳动力的配备得以优化。

（3）切块组合。对某些专业性强，人员要求相对稳定的作业班组或职能组，采取切块组合的方式，由作业班组或职能组集体向工程处或经理部提出组织方案，经审核批准后实施。

某些班组成员之间各有专长，配合密切，关系融洽，对这种班组应该保持其相对稳定，不要轻易打乱重组。

（二）班组劳动力管理

1. 班组劳动力的特点

施工现场人力资源的管理归根结底是对班组的建设与管理，只有搞好了班组的建设与管理，整个企业才有坚实的基础。施工现场的班组有如下特点：

（1）班组是企业的最基本单元。在企业的组织机构中，班组是最基层、最直接的生产单位，直接与劳动对象、劳动工具相结合，站在为社会创造财富的最前沿。

（2）班组是培养和造就人才的重要阵地。班组对工人的培训更具有针对性，在施工现场针对具体的施工作业，干什么学什么，通过学习可逐渐提高队伍的素质，建设一支能打硬仗的施工队伍。

（3）班组是企业各项工作的中心。施工生产的组织与管理，各项经济技术指标的考核完善，基础资料的建立等都依赖于班组的工作，企业的各项工作也都是围绕现场班组而进行的。

（4）班组是企业生存发展的源泉。随着竞争的日趋激烈，企业要生产发展只有不断增强自己的实力，不断提高班组的素质、技术水平和操作技能才能迎接这种挑战，不至于被淘汰出局。

2. 班组建设的内容

（1）班组组织建设。努力建设一个团结合作、积极进取的班组集体。同时加强定编、定员工作，对班组成员进行合理配备。

（2）班组业务建设。加强班组成员技术知识的学习和操作技能的培训，可以通过工作的实际需要围绕现场施工进行。

（3）班组劳动纪律和规章制度建设。班组集体劳动必须具有劳动纪律的约束，班组成员必须服从工作分配，听从工作指挥和调度，严格执行施工命令，坚守岗位，尽职尽责。

（4）生活需求建设。班组建设应该重视职工的生活需要，保证职工必要的物质、文化生活条件，进行劳动成果分配时要体现公平、公正、按劳分配的原则。

此外还应该加强成员的思想政治建设，提高班组成员的政治思想觉悟和工作积极性，保质保量的完成任务。

（三）人力资源培训管理

人力资源培训主要是对拟使用的人力资源进行岗前教育和业务培训，包括管理人员的培训和工人的培训。

1. 管理人员的培训内容

管理人员的培训内容有岗位培训、继续教育和学历教育。

（1）岗位培训。岗位培训是针对一切从业人员，根据岗位或职务对其具备的全面素质的不同需要，按照不同的劳动规范，本着干什么学什么的原则进行的培训活动。

岗位培训旨在提高职工的本职工作能力，使其成为合格的劳动者，并根据生产发展和技术进步的需要，不断提高其适应能力。

岗位培训包括对项目经理的培训，对基层管理人员的培训，对土建、水暖、电气工程的培训以及对其他岗位的业务、技术干部的培训。

（2）继续教育。继续教育采取按系统、分层次、多形式的方法，对具有中专以上学历的处级以上职务的管理人员进行继续教育。

（3）学历教育。学历教育主要是有计划地选派部分管理人员到高等院校深造，培养企业高层次管理人才和技术人才，毕业后回本企业继续工作。

2. 对工人的培训

（1）对班组长的培训。按照国家建设行政主管部门制定的班组长岗位规范，对班组长进行培训，达到班组长 100%持证上岗。

（2）对技术工人的培训。按照有关技术等级标准和有关技师评聘条例，开展中、高级工人和工人技师的评聘。

（3）对特种作业人员的培训。根据国家有关特种作业人员必须单独培训、持证上岗的规定，对从事电工、塔式起重机驾驶员等工种的特种作业人员进行培训，保证 100%持证上岗。

二、材料管理控制

施工现场的材料管理控制包括材料进场验收、材料的储存与保管、材料的使用验收及不合格品的处理等。施工过程中材料管理的中心任务是检查、保证进场施工材料的质量，妥善保管进场的物资，严格、合理地使用各种材料，降低消耗，保证实现管理目标。

1. 材料进场验收

材料进场时必须根据进料计划、送料凭证、产品合格证进行数量和质量验收，验收工作由现场施工工程师和材料员共同负责。

验收时对品种、规格、型号、质量、数量、证件做好记录，办理验收手续，不符合的材料拒绝验收。验收合格后即签字入库，办理入库手续。须由甲方验收的材料到场则要及时请甲方代表到场共同验收。验收单原件交公司工程管理部备案。

（1）进场验收要求。材料进行验收的目的是划清企业内部和外部经济责任，防止进料中的差错事故和因供货单位、运输单位的责任事故造成不必要的损失。材料进场验收的要求有：

1）材料验收必须做到认真、及时、准确、公正、合理。

2）严格检查进场材料的有害物质含量检测报告，按规范应复验的必须复验，无检测报告或复验不合格的应予退货。

3）严禁使用有害物质含量不符合国家规定的建筑材料。

（2）进场验收方法。验收的依据有订货合同、采购计划以及所约定的标准，或经有关单位和部门确认后封存的样品或样本，材质证明或合格证书等。常用的验收方法有：

1）双控把关。为了确保进场材料合格，在组织送料前，由材料管理部门业务人员会同技术质量人员先行看货验收；进库时，由保管员和材料业务人员一起组织验收方可入库。对于水泥、钢材、防水材料、各类外加剂实行检验双控，既要有出厂合格证，还要有实验室的合格试验单方可入库。

2）联合验收把关。对直接送到现场的材料及构配件，收料人员可会同现场的技术质量人员联合验收；进库物资由保管员和材料业务人员一起组织验收。

3）收料员验收把关。收料员对有包装的材料及产品，应该进行外观检验，查看材料规格、品种、型号是否与来料相符，宏观质量是否符合标准，包装、商标是否齐全。

4）提料验收把关。总公司、分公司两级材料管理的业务人员到外单位及材料公司各单位提送料，认真检查验收提料的质量、索取产品合格证和材质证明书；送到现场或仓库后应与现场或仓库的收料员或保管员进行交接验收。

（3）材料进场验收程序。材料进场验收前，要保持进场道路畅通，材料存放场地及设施已经准备好；同时，还应把计量器具准备齐全，针对材料的类别、性能、特点、数量来确定材料的存放地点及必须的防护措施。这些准备妥当之后，可按下述程序进行验收。

1）单据验收。主要查看材料是否有国家强制性产品认证书、材质证明、装箱单、发货单、合格证等，也就是具体查看所到的货物是否与合同（采购计划）一致；材质证明（合格证）是否齐全并随货同行，能否满足施工质量管理的需要；材质证明的内容是否合格，是否能够满足施工资料管理的需要；查看材料的环保指标是否符合要求。

2）数量验收。数量验收主要是核对进场材料的数量与单据量是否一致。不同材料，清点数量方法也不同。对计重材料的数量验证，原则上以进货方式进行验收；以磅单验收的材料应进行复磅或检磅，磅差范围不得超过国家规范，超过规范按实际复磅重量验收；以理论重量换算交货的材料，应按国家验收标准规范作检尺计量换算验收，理论数量与实际数量的差超过国家标准规范的，应作为不合格材料处理；不能换算或抽查的材料一律过磅计重；计件材料的数量验收应全部清点件数。

3）质量验收。材料质量验收应该按质量验收规范和计量检测规定进行，并做好记录和标识，办理验收手续。一般材料进行外观检验，主要检验规格、型号、尺寸、颜色及有无破损等；对专用、特殊加工制品的检验，应根据加工合同、图纸及资料进行质量验收。内在质量验收由专业技术员负责，按规定比例抽样后，送专业检验部门检验力学性能、化学成分、工艺参数等技术指标。

（4）验收结果处理。

1）材料进场验收后，验收人员应按规定填写各种材料的进场检测记录。

2）材料经验收合格后，应及时办理入库手续，由负责采购供应的材料人员填写《材料验收单》，经验收人员签字后办理入库，并及时登账、立卡、标识。验收单通常一式四份，计划员一份，采购员一份，保管员一份，财务报销一份。

3）验收不合格的材料，应进行标识，存放于不合格区，并要求其尽快退场。同时做好不合格品记录和处理情况记录。

2. 材料储存与管理

材料的储存，应依据材料的性能和仓库条件，按照材料保管规程，采用科学方法进行保管和保养，以减少材料保管损耗，保持材料的原有使用价值。

（1）仓库的布置。仓库的布置包括库房、料场和有关的通道布置等，应考虑以下问题：

1）仓库的布置应接近用料点，以减少搬运次数和搬运距离，减少搬运消耗。

2）临时仓库和料场之间应该有合理的通道，以便吞吐材料。通道要有照明和排水设施，尽量不影响施工，要有回旋余地。

3）仓库以及料场的容量布置应按该使用点的最大库存量来布置。

4）料场场地应满足防水、防火、防雨、防潮等要求，堆料场要平整、不积水、防塌陷。

（2）现场材料的堆放与保管。

1）材料堆放。材料堆放必须按类分库，同类材料安排在一处，新旧分堆，按规格排列，上轻下重，上盖下垫，定量保管；性能上互相有影响或灭火方法不同的材料，严禁安排在同一处储存；实行"四号定位"：即库内保管划定库号、架号、层号、位号，库外保管划定区号、点号、排号、位号，对号入座，合理布局。

2）材料保管。

a. 制度严密，防火防盗。建立健全保管、领发等制度，并严格执行，使各项工作井然有序；做好防火防盗工作，对不同材料配置不同类型的灭火器。

b. 勤于盘点，及时记账。材料保管保养过程中，应定期对材料的数量、质量有效期等进行盘查核对，对盘查中发现的问题，进行原因分析，及时解决，并有原因分析、处理意见及处理结果反馈等书面文件。

c. 施工现场易燃易爆、有毒有害物品和建筑垃圾必须符合环保要求。

d. 有防湿防潮要求的材料，应采取防湿防潮措施。对于怕日晒雨淋、对温度湿度要求高的材料必须入库存放，在仓库内外设置测温、测湿仪器，进行日常观察和记录，及时掌握温度、湿度的变化情况，控制和调节温度、湿度。具体办法有通风、密封、吸湿、防潮等。

e. 对于可以露天保存的材料，应该按其材料性能进行上苫下垫，做好围挡。

f. 对于金属及其制品，由于其容易被腐蚀，所以要防止和破坏其产生化学反应和腐蚀的条件。

g. 有保质期的库存材料应定期检查，防止过期并做好标识。

3. 材料使用管理

（1）材料发放及领用。材料领发标志着材料从生产储备转入生产消耗，必须严格执行领发手续，明确领发责任。施工现场材料领发一般都实行限额领料，即施工班组在完成施工生产任务中所使用的材料品种和数量要与所承担的生产任务相符合。限额领料是合理使用材料、减少消耗、避免浪费和降低成本的有效措施。

（2）材料使用监督。材料管理人员应该对材料的使用进行分工监督，检查是否认真执行领发手续，是否合理堆放材料，是否严格按设计参数用料，是否严格执行配合比，是否做到工完净料、工完退料、场退地清、谁用谁清等。检查是监督的手段，应做到情况有记录、问题有分析、责任要明确、处理有结果。

（3）材料回收。班组余料应收回，并及时办理退料手续，处理好经济关系。

三、机械设备管理控制

（一）机械设备使用管理

1. 机械设备的操作人员管理

机械设备使用实行"三定"制度（即定机、定人、定岗位责任），且机械操作人员必须持证上岗。这样做，有利于操作人员熟悉机械设备特性，熟练掌握操作技术，合理、正确地使用、维护机械设备，提高机械效率；有利于大型设备的单机经济核算和考评操作人员使用机械设备的经济效果；有利于定员管理和工资管理。

机械操作人员持证上岗是指通过专业培训考核合格后，经有关部门注册，操作证年审合格，并且在有效期内，所操作的机种与所持操作证上的允许操纵机种相吻合。此外，机械操作人员还必须明确机组人员责任制，建立考核制度，使机组人员严格按规范作业。责任制应对机长、机员分别制定责任内容，做到责、权、利相结合，定期考核，奖罚明确到位，以激励机组人员努力做好本职工作。

2. 机械设备的合理使用

机械设备进场以后，应该进行必要的调试与保养。正式投入使用之前，项目部机械员应会同机械设备主管企业的机务、安全人员及机组人员一起对机械设备进行认真的检查验收，并做好检查验收记录。施工单位对进场的机械设备自检合格后还应填写机械设备进场报验表，报请监理工程师进行验收，验收合格后方可正式投入使用。

验收合格的机械设备在使用过程中，其安全保护装置、机械质量、可靠性都可能发生变化，因此机械设备在使用过程中对其进行保养、检查、修理与故障排除是确保其安全、正常使用、减少磨损、提高使用效率的必要手段。在使用过程中，应注意以下几点：

（1）机械操作人员持证上岗，人机固定。

（2）操作人员在开机前、使用中、停机后，必须按规定的项目和要求，对施工设备进行检查和例行保养，做好清洁、润滑、调整、坚固和防腐工作，经常保持施工设备的良好状态，提高设备的使用效率，节约使用费用，实现良好的经济效益，并保证施工的正常进行。

（3）为了使施工设备在最佳状态下运行使用，合理配备足够的操作人员并实行机械使用、保养责任制是关键。现场使用的各种施工设备定机定组交给一个机组或个人，使之对施工设备的使用和保养负责。

（4）努力组织好机械设备的流水施工。当施工的推进主要靠机械而不是人力时，划分施工段的大小必须考虑机械的服务能力，要使机械连续作业，不停歇，必要时"歇人不歇马"使机械三班作业。一个施工项目有多个单位工程时，应使机械在单位工程之间流水，减少进出场时间和装卸费用。

（二）机械设备磨损、保养及修理

1. 机械设备的磨损

机械设备的磨损分为三个阶段：磨合磨损、正常磨损和事故性磨损。

（1）磨合磨损。这是初期磨损，包括制造和大修理中的磨合磨损和使用初期的磨合磨损，这段时间较短。此时，只要执行适当的磨合期使用规定就可降低初期磨损，延长机械使用寿命。

（2）正常磨损。这一阶段，零件经过磨合磨损，光洁度提高了，磨损较少，在较长时间内基本处于稳定的均匀磨损状态。这个阶段后期，条件逐渐变坏，磨损加快，进入第三阶段。

（3）事故性磨损。此时，由于零件配合的间隙扩展而使负荷加大，磨损激增，可能很快磨损。如果磨损程度超过了极限不及时修理，就会引起事故性磨损，造成修理困难和经济损失。

2. 机械设备的保养

保养是指在零件尚未达到极限磨损或发生故障以前，对零件采取相应的维护措施，以降低零件的磨损速度，消除产生故障的隐患，从而保证机械正常工作，延长使用寿命。

机械设备保养的目的是为了保持机械设备的良好技术状态，提高设备运转的可靠性和安全性，减少零件的磨损，降低消耗，延长使用寿命，提高经济效益。机械设备的保养有例行保养和强制保养两种。

例行保养属于正常使用管理工作，它不占用机械设备的运转时间，由操作人员在机械运转间隙进行。其主要内容是：保持机械的清洁，检查运转情况，补充燃油和润滑油，补充冷却水，防止机械磨损，检查转向与制动系统是否灵活可靠等。

强制保养是隔一定周期，需要占用机械设备的运转时间停工进行的保养。保养周期根据各类机械设备的磨损规律、作业条件、操作维护水平及经济性四个主要因素确定。

3. 机械设备的修理

机械设备的修理是对机械设备的自然损耗进行修复，排除机械运行的故障，对损坏的零部件进行更换、修复。机械设备的修理可分为大修、中修和小修。大修和中修需要列入修理计划，而小修一般是临时安排的修理，和保养相结合，不列入修理计划之中。

大修是对机械设备进行全面的解体检查修理，保证各零部件质量和配合要求，使其恢复原有的精度、性能和效率，达到良好的技术状态，从而延长机械设备的使用寿命。其检修内容包括：设备全部解体、排除和清洗设备的全部零部件，修理、更换所有磨损及有缺陷的零部件，清洗、修理全部管路系统，更换全部润滑材料等。

中修是大修间隔期间对少数零部件进行大修的一次性平衡修理，对其他不需要大修的零部件只执行检查保修。中修的目的是对不能继续使用的部分零部件进行大修，使整体状况达到平衡，以延长机械设备的大修间隔。中修需要更换和修复机械设备的主要零部件和数量较多的其他磨损件，并校准机械设备的基准，恢复设备的精度、性能和效率，保证机械设备能使用到下一次修理。

小修一般是无计划的、临时安排的、工作量最小的局部修理，其目的是消除操作人员无力排除的突然故障及修理或更换部分易损的零部件；清洗设备、部分拆检零部件，调整、紧固机件等。

四、资金使用管理控制

（一）资金使用的成本管理

建立健全项目资金管理责任制，明确项目资金的使用管理由项目经理负责，项目经理部财务人员负责协调组织日常工作，做到统一管理、归口负责，建立责任制，明确项目预算员、计划员、统计员、材料员、劳动定额员等有关职能人员的资金管理职责和权限。项目经理部按组织下达的用款计划控制使用资金，以收定支、节约开支。同时，应按会计制度规定设立财务台账，记录资金支出情况，加强财务核算，及时盘点盈亏。

（1）按用款计划控制资金使用，项目经理部各部门每次领用支票或现金，都要填写用款申请表（表6-8），申请表由经理部部门负责人具体控制该部门支出。额度不大的零星采购和费用支出，也可在月度用款计划范围内由经办人申请，部门负责人审批。各项支出的有关发票和结算验收单据，由各用款部门领导签字，并经审批人签证后，方可向财务报账。

表 6-8　　　　　　　　　　用 款 申 请 表

申请人：
用途：
预计金额：
审批人：

财务部门根据实际用款，做好记录。各部门对原计划支出数不足部分，应书面报项目经理审批追加，审批单交财务部门，做到支出有计划，追加有程序。

（2）设立财务台账，记录资金支出。为控制资金，项目经理部需要设立财务台账（表6-9），以便及时提供财务信息，全面、准确、及时地反映债权债务情况，这对了解项目资金状况，加强项目资金管理十分重要。

表6-9   财 务 台 账   单位：元

日期	凭证号	摘要	应付款（贷方）	已贷款（借方）	借或贷	余额

（3）加强财务核算，及时盘点盈亏。项目部要随着工程进展定期进行资产和债务的清查，以考查以前的报告期结转利润的正确性和目前项目经理部利润的后劲。由于工程只有到竣工决算时才能最终确定该工程的盈利准确数字，在施工过程中报告期的财务结算只能是相对准确。所以在施工过程中要根据工程完成部位，适时地进行财产清查。对项目经理部所有资产方和所有负债方及时盘点，通过资产和负债加上级拨付资金平衡关系比较看出盈亏趋向。

（二）资金收入与支出管理

1. 资金收入与支出管理原则

项目资金的收入与支出包括资金回收与分配两个方面。项目资金的回收直接关系到工程项目能否顺利进展，而资金的分配则关系到能否合理使用资金，能否调动各种关系和相关单位的积极性。为了保证项目资金的合理使用，应遵循以下两个原则：

（1）以收定支原则，即收入确定支出。这样做可能使项目的进度和质量受到影响，但可以不加大项目的资金成本，对某些工期紧迫或施工质量要求较高的部位，应视具体情况而适当给予调整。

（2）制定资金使用计划原则，即根据工程项目的施工进度、业主的支付能力、企业垫付能力、分包商和供应商的承受能力等来制定相应的资金计划，按计划进行资金的回收和支付。

2. 项目资金的收取

项目经理部除应负责编制年、季、月资金收支计划，上报给业主管理部门审批实施，及时对资金的收入与支出情况进行管理外，还应对资金进行收取。资金收取主要有以下几种情况：

（1）对于新开工项目，应按工程施工合同，收取工程预付款或开办费。

（2）工程实施过程中，发生工程变更或材料违约时，应根据工程变更记录和证明发包人违约的材料，计算索赔金额，列入工程进度款结算单。

（3）对于业主委托代购的工程设备或材料，必须签订代购合同，并收取设备订货预付款。若出现价差，应按合同规定计算，并及时请业主确认，以便与工程进度款一起收取。

（4）根据月度统计报表编制"工程进度款结算单"，于规定日期报送监理工程师审核，如果业主不能按期支付工程进度款且超过合同支付的最后期限，项目经理部应向业主出具付款违约通知书，并按银行的同期贷款利率计息。

（5）工程尾款应按业主认可的工程结算全额及时收取。对于工程的工期奖、质量奖、不可预见费及索赔款，应根据施工合同规定，与工程进度款同时收取。

3. 资金风险管理

项目经理部应注意发包方资金到位情况，签好施工合同，明确工程款支付方法和发包方供料范围。关注发包方资金动态，在垫资施工的情况下，要适当掌握施工进度，以利于回收资金，如果工程垫资超出原计划控制幅度，要考虑调整施工方案，压缩规模，甚至暂缓施工，并积极与发包方协调，保证开发项目以利于回收资金。

思　考　题

6-1　什么是资源和资源管理？资源管理的内容有哪些？

6-2　施工现场的材料需求量是如何确定的？

6-3　材料控制包含哪些环节？

6-4　材料供应计划的编制内容有哪些？

6-5　如何选择机械设备？有哪些方法？

6-6　资金支出包含哪些内容？如何支付？

6-7　资金收取包含哪些内容？

第七章　施工现场安全管理与文明施工

第一节　施工现场安全生产管理

一、施工安全的概念

所谓施工安全就是指在施工过程中，在实现工程质量、成本、工期等目标的同时，保证从事施工生产的各类人员的生命安全，不造成人身伤亡和财产损失事故。

二、施工安全事故产生的原因及类型

（一）施工安全事故产生的原因

施工安全事故的产生可以归因于人的行为、物（机械、设备、材料等）的状态、施工现场条件和社会条件等几个方面。

1. 人的行为方面

通常，由施工人员的行为失误所造成的施工安全事故主要可以归纳为以下四个方面的原因：

（1）施工人员身体条件的客观原因。主要是指由于人的心理因素或生理因素方面的（障碍）条件限制，所造成的行为错误。如由于精神不振、思想负担重、情绪不稳定等心理因素所造成的精神不集中、反应迟钝而发生的安全事故；或由于身体过度疲劳、有缺陷（如在听觉、视觉、感觉方面）或疾病所引起的行为错误，容易产生安全事故。身体条件的因素发生在不同工种或层次的工程施工人员身上，就会造成不同程度的损失。

（2）施工人员主观方面的原因。主要是指由于需要实现某种个人目的，故意违反操作规程或有关施工技术要求，由此产生的安全事故。例如，因为存在着个人的抱怨、报复或抵抗等情绪，有意造成行为错误；由于施工人员安全意识淡薄，如在施工现场有吸烟、喝酒、打架等错误行为或疏忽大意等所造成的安全事故；施工人员进入施工现场时，不能自觉地使用安全防护用品的失误行为。

（3）施工人员缺乏教育的原因。现场施工的技术知识、防护知识、操作规程、自我保护意识，在施工生产过程中造成个人行为有偏差或错误而导致的安全事故。如在施工用电、用火、器具使用和机械操作等方面的行为不当；在不同的工种如钢筋工、架子工、混凝土工操作不熟练或不规范时所产生的安全事故。这类事故的发生比例很大，其根源在于不少建筑工地工人的流动频繁，不能及时接受专门的职业训练，各种专业技术的教育难以跟上。

（4）施工方案或施工组织方面存在不合理的因素。在工程项目实施的过程中，现场统一指挥和协调困难、施工先后次序产生矛盾、工程管理混乱或其他管理层方面的原因等所

造成的施工人员行为错误而产生安全事故。如现场施工人数过多、工作面过于拥挤，吊车使用缺乏统一指挥等。

2. 现场机械、设备和材料等方面

施工现场所使用的机械、设备和材料处于不安全状态，是造成安全质量事故的常见因素。由于现场同时施工的工种多、场地条件狭窄且多变、现场施工人员难以及时沟通，往往使各工种人员缺少对全局的了解，经常造成施工现场的器具、机械处于不安全状态；现场施工用的各种材料的使用和管理难度较大，尤其是一些易燃品、易爆品和易腐蚀品的安全管理问题。

（1）施工现场的机械、设备处于不安全的状态，是指施工机械、设备在停放、移动、安装、检修和固定等过程中的不规范操作状态。如操作人员离开时没有按要求操作；或机械设备存在着维修保养不及时，有老化、失灵的可能；机械设备带病工作、超龄使用、没有经过有关部门的年检和校验等，这些都是施工安全事故产生的隐患。

（2）现场使用的各种材料因保管、堆放和使用方法不当，是材料处于不安全状态的重要原因。具体地说，如易燃品、易爆品、易腐蚀品等材料的保管制度是否完善、使用方法是否正确、构件堆放是否稳定等问题，都应该引起足够的重视。此外，还要避免各种材料在运输和移动过程中，由于产生划痕、碰撞、破损等可能会使材料的技术性能发生改变而带来的施工安全和质量问题。

3. 施工现场条件方面

施工现场条件是产生安全事故的重要因素，是造成人的行为障碍的重要原因之一。

（1）施工现场的管理和组织条件。施工现场必须建立高效率的领导班子，明确各级管理人员的职责分工，完善各项规章制度，互相配合、协调并承担起项目全过程安全管理的艰巨任务。由于施工现场的条件不同于工厂加工生产，必须结合现场实际条件合理安排施工现场以及施工先后顺序，统一协调和控制，时刻重视施工人员工作条件的合理性和安全性。如交叉作业时作业面是否相互影响，脚手架和安全网的牢固性、稳定性，夜间施工时的照明亮度，道路是否畅通，视线有无阻挡以及安全防护措施是否可靠等问题。

（2）现场自然条件及布置。现场自然条件主要包括现场场地的具体条件，如现场地形条件，施工用水、用电和道路通达情况。自然条件对施工现场场地的布置作用很大，关系到场地道路安排、机械设备运行、材料堆放、办公和生活的临时设施布置等，甚至影响到施工顺序，还要根据不同的施工阶段进行平面调整，结合现场自然条件实现平面布置的合理性。

（3）现场工程地质条件。工程项目的地质条件也是现场施工安全管理的重要内容，尤其是在基础施工过程显得更为重要。如在桩基施工、基坑维护、施工防水、基础开挖等方案确定时的安全防护问题，都与工程地质条件有关。

（4）地区气候条件。像暴风雨、严寒、酷暑等异常气候降临，都会使正常的现场施工条件发生突然改变，使工人行为的准确性降低。

4. 社会条件及其他方面

由于有关建设管理部门审批制度不严，规则或设计方案上有缺陷，施工验收规范不全或对临时设施和机械设备的报验管理失误等；新材料、新技术、新设备的控制方法不健全；地方治安情况不好、环境保护差等所引起的安全事故。

（二）施工安全事故的类型

（1）高处坠落。在坠落高度基准面 2m 以上作业，是建筑施工的主要作业，因此高处坠落事故是主要事故，多发生在洞口、临边处作业、脚手架、模板等上面作业中，在建筑工程中高处坠落事故占事故总数的 35%～40%。

（2）物体打击。建筑工程由于受到工期的约束，在施工中必然安排部分的或全面的交叉作业，因此，物体打击是建筑施工中的常见事故，占事故总数的 12%～15%。

（3）触电。建筑施工离不开电力，这不仅指施工中的电气照明，更主要的是电动机械和电动工具，施工中的所有人员都接触电，触电事故是多发事故，近几年已高于物体打击事故，居第二位，占总数的 18%～20%。

（4）机械伤害。主要指垂直运输机械或机具、钢筋加工、混凝土搅拌、木材加工等机械设备对操作者或相关人员的伤害。这类事故占事故总数的 10% 左右。

（5）坍塌。坍塌事故主要发生在基础工程施工、洞室施工、高边坡施工等工程，土方坍塌事故目前约占事故总数的 5%～8%。

三、施工安全管理的内容

1. 人的行为方面

（1）加强施工人员的安全思想教育，增加安全意识。

（2）加强施工人员的安全行为教育，增强自我行为的控制能力。

（3）加强施工人员的安全知识教育，消除安全隐患。

（4）加强施工人员的技术教育，提高施工现场的安全防护力度。

2. 现场机械、设备和材料等方面

（1）对使用机械设备和材料管理人员的技术要求。

（2）现场管理机械、设备和材料的具体措施。

3. 施工现场条件方面

（1）技术条件方面。重点考虑实施施工技术方案时的安全性和安全防护方案设计的合理性、经济性和可靠性，检查有无可改的地方。

（2）场地条件方面。重点考虑施工现场平面布置情况对现场安全性的影响。

（3）生活设施方面。重点考虑现场施工人员居住、办公条件的安全性。

（4）安全防护方面。主要是指施工人员现场施工时工作面上的防护设施的安全性。

（5）地质及气象条件方面。在考虑具体的施工工地时，要重视地质和气象条件所带来的不安全因素。

4. 社会条件等其他方面

主要指社会环境所引起的不安全因素，如社会治安条件不好、城市施工安全法规以及建筑行业的管理法规不健全等所带来的安全管理问题。

四、施工安全管理措施

（1）建立施工安全管理组织保证体系。由建设方、施工方和监理方共同组成一套施工安全管理的领导班子，明确建设方、施工方和监理方职责，从项目施工组织上保证安全工作的顺利实施。

（2）建立施工安全生产保证体系。①建立以合同、施工计划以及各种常规阶段或重点阶段的安全检查为主线的安全生产保证体系；②建立以建设方、项目经理、监理工程师、安全员、技术员和工人为主线的人的行为约束体系。

（3）建立施工安全生产责任制。建立以项目经理为中心的安全生产责任制。

（4）安全生产监督检查职责。建立一系列施工安全检查制度，利用重点检查和阶段检查相结合的方法，控制施工现场安全，防患于未然。

五、现场安全事故的应急措施

（1）施工现场应重视与有关单位的联系，了解附近医疗单位、消防单位、公安部门、电力部门、燃气等部门的电话、地址，以便发现情况及时联系。

（2）普及现场急救常识，重视救护物品的准备，如备用急救物品的准备、存放、检查、定期检查，更换消防器材，准备各种安全防护用具等。

（3）加强现场安全事故应急处理的培训以及灭火知识教育，严格进行保护事故现场、隔离和切断危险源（如电源、气源、火源）的正确方法的培训，可以有效地控制事故的蔓延。

六、季节性施工安全措施

季节施工安全措施，就是考虑不同季节的气候对施工生产带来的不安全因素，可能造成各种突发性事故，而从防护上、技术上、管理上采取措施。一般建筑工程可在施工设计或施工方案的安全技术措施中编制季节性施工安全措施；危险性大、高温作业多的建筑工程，应编制季节性的施工安全措施。季节性主要指夏季、雨季和冬季。

（1）夏季施工安全措施。夏季气候炎热，高温时间持续较长，主要是做好防暑降温工作。

（2）雨季施工安全措施。雨季进行作业，主要做好防触电、防雷、防坍塌、防台风工作。

（3）冬季施工安全措施。冬季进行作业，主要应做好防风、防火、防滑、防煤气中毒、防亚硝酸钠中毒的工作。

第二节　施工现场安全技术交底

一、施工现场安全技术交底的规定

（1）施工现场各分项工程在施工作业前必须进行安全技术交底。

（2）施工员在安排分项工程生产任务的同时，必须向作业人员进行有针对性的安全技术交底。

（3）各专业分包单位的安全技术交底，由各工程分包单位的施工管理人员向其作业人员进行作业前的安全技术交底。

（4）安全技术交底使用范本时，应在补充交底栏内填写有针对性的内容，按分项工程的特点进行交底，不准留有空白。

（5）安全技术交底使用应按工程结构层次的变化反复进行，要针对结构的实际状况，逐项进行有针对性的安全技术交底。

（6）安全技术交底必须履行交底认签手续，由交底人签字，由被交底班组集体签字认可，不准代签和漏签。

（7）安全技术交底必须准确填写交底作业部位和交底日期。

（8）安全技术交底的认签记录，施工员必须及时提交给安全台账资料管理员，安全台账资料管理员要及时收集、整理和归档。

（9）施工现场安全员必须认真履行检查、监督职责，切实保证安全技术交底工作不流于形式，提高全体作业人员安全生产的自我保护意识。

施工安全技术交底用表见表 7－1。

表 7－1　　　　　　　　　　施工安全技术交底用表

施工单位名称		单位工程名称	
施工部位		施工内容	
安全技术交底内容			
施工现场针对性安全交底			
交底人签名		接受交底负责人签名		交底时间	年　月　日
作业人员签名			

本表一式两份，班组自存一份，资料室归档一份。

二、施工质量安全交底

施工质量安全交底主要是针对隐蔽工程，其交底的主要内容见表7-2。

表7-2　　　　　　　　　　　　隐蔽工程质量安全交底内容

项　目	交　底　内　容
基础工程	土质情况、尺寸、标高、地基处理、打桩记录、桩位、数量
钢筋工程	钢筋品种、规格、数量、形状、位置、接头和材料代用情况
防水工程	防水层数、防水材料和施工质量
水电管线	位置、标高、接头、各种专业试验（如水管试压）、防腐等

三、施工事故预防交底

主要内容有高处作业预防措施交底、脚手架支搭和防护措施交底、预防物体打击交底、各分部工程安全施工交底。

四、施工用电安全交底

（1）施工现场内一般不架裸导线，照明线路要按标准架设。

（2）各种电气设备均要采取接零或接地保护。

（3）每台电气设备机械应设分开关和熔断保险。

（4）使用电焊机要特别注意一、二次线的保护。

（5）凡移动式设备和手持电动工具均要在配电箱内装设漏电保护装置。

（6）现场和工厂中的非电气操作人员均不准乱动电气设备。

（7）任何单位、任何人都不准擅自指派无电工执照的人员进行电气设备的安装和维修等工作，不准强令电工从事违章冒险作业。

五、工地防火安全交底

（1）现场应划分用火作业区、易燃易爆材料区、生活区，按规定保持防水间距。

（2）现场应有车辆循环通道，通道宽度不小于3.5m，严禁占用场内通道堆放材料。

（3）现场应设专用消防用水管网，配备消防栓。

（4）现场临建设施、仓库、易燃料场和用火处要有足够的灭火工具和设备，对消防器材要有专人管理并定期检查。

（5）安装使用电气设备和使用明火时应注意的问题和要求。

（6）现场材料堆放的防火交底。

（7）现场中用易燃材料搭设工棚在使用时的要求交底。

（8）现场不同施工阶段的防火交底。

六、现场治安工作交底

1. 安全教育方面

（1）新工人入场必须进行入场教育和岗位安全教育。

（2）特殊工种如起重、电气、焊接、锅炉、潜水、驾驶等工人应进行相应的安全教育和技术训练，经考核合格，方准上岗操作。

（3）采用新施工方法、新结构、新设备前必须向工人进行安全交底。

（4）做好经常性安全教育，特别要坚持班前安全教育。

（5）做好暑季、冬季、雨季、夜间等施工时节安全教育。

2．安全检查方面

（1）针对高处作业、电气线路、机械动力等关键性作业进行检查，以防止高处坠落、机械伤人、触电等人身事故。

（2）根据施工特点进行检查，如吊装、爆破、防毒、防塌等检查。

（3）季节性检查，如防寒、防湿、防毒、防洪、防台风等检查。

（4）防火及安全生产检查。

3．现场治安管理方面

（1）落实消防管理制度。

（2）加强对职工的法规、厂纪教育，减少职工违纪、违法犯罪。

（3）加强施工现场的保卫工作，建立严密的门卫制度，运出工地的材料和物品必须持出门证明，经查验后放行。

（4）落实施工现场的治安管理责任制，执行有关"单位财产被盗责任赔偿管理条例"的文件。

第三节　主要工种施工及设备安全技术操作规程

一、土方工程安全技术操作规程

（1）要按照施工方案的要求作业。

（2）人工挖土时应由上而下，逐层挖掘，严禁在孤石下挖土，夜间应有充足的照明。

（3）在深基坑操作时，应随时注意土壁的变动情况，如发现有大面积裂缝现象，必须暂停施工，报告项目经理进行处理。

（4）在基坑或深井下作业时，必须戴安全帽，严防上面土块及其他物体砸伤头部，遇有地下水渗出时，应把水引到集水井予以排除。

（5）挖土方时，如发现有不能辨认的物品或事先没有预见到的地下电缆等，应及时停止操作，报告上级处理，严禁敲击或玩弄。

（6）人工吊运泥土，应检查工具、绳索、钩子是否牢靠，起吊时垂线下不得有人，用车子运土，应平整走道，清除障碍。

（7）在水下作业，必须严格检查电气的接地或接零和漏电保护开关，电缆应完好，并穿戴防护用品。

（8）修坡时，要按要求进行，人员不能过于集中，如土质比较差时，应指定专人看管。

（9）验收合格方可进行作业，未经验收或验收不合格不准作下一道工序作业。

二、混凝土工程安全技术操作规程

（1）运料中车子向料斗投料时，应有挡车措施，不得用力过猛或撒把，脚不得踏在料斗上，料斗升起时下方不得站人，清理斗下砂石时，必须将两条链扣牢。

（2）在搅拌机运程中，不得将工具伸入滚筒内。

（3）用井架运输时，小车车把不得伸出笼外，车轮前后要楔牢。

（4）浇灌框架梁柱混凝土，要注意观察模板、顶架情况，发现异常及时报告，不准直接站在模板或支撑下操作。

（5）在浇灌结构边沿的柱、梁混凝土时，外部应有平桥或安全网等必要的安全措施。

（6）浇灌深基坑基础混凝土前和在施工过程中，应检查基坑边坡土质有无崩裂倾塌的危险，如发现情况，应立即报告并采取措施。

（7）浇灌混凝土使用的溜槽和串筒，节间必须连接牢固，操作部位应有护身栏杆，不准站在溜槽边上操作。

（8）使用振动棒时应穿戴防护用品，湿手不得接触开关，电源应用装有漏电保护开关的制箱，制箱应架空放置。

（9）验收合格方可进行作业，未经验收合格不准作下一道工序作业。

三、钢筋工程安全技术操作规程

（1）钢材、半成品等应按规格、品种分别堆放整齐，加工制作现场要平整，工作台稳固，照明灯具必须加网罩。

（2）拉直钢筋时，卡头要卡牢，拉筋线 2m 区域内禁止行人来往，人工拉直，不准用胸、肚接触推扛，并缓慢松解，不得一次松开。

（3）展开盘圆钢筋要一次卡牢，防止回弹，切割时先用脚踩紧。

（4）多人合作运钢筋，运作要一致，人工上下传送不得在同一垂直线上，钢筋堆放要分散、牢稳，防止倾倒或塌落。

（5）绑扎立柱、墙体钢筋，不得站在钢筋骨架上或攀登骨架上下。

（6）冷拉钢筋要上好夹具，人离开后再发开车信号。发现滑动或其他问题时，要先行停车，放松钢筋后，才能进行检查修理及重新操作。

（7）冷拉和张拉钢筋要严格按照规定应力和伸长率进行，不得随便变更。无论拉伸或放松钢筋都应该缓慢均匀进行。发现油泵、千斤顶、弹簧秤、锚卡具有异常应停止张拉。

（8）张拉钢筋两端应设置防护挡板，钢筋张拉后要加以保护，禁止压重物或在上面行走。浇灌混凝土时，要防止直接冲击预应力钢筋。

（9）在测量钢筋的伸长度或加楔、拧紧螺栓时应站在钢筋两侧操作，并停止卷扬机或千斤顶拉伸操作，防止钢筋断裂，回弹伤人。采用电热张拉，若带电操作，应做好绝缘保护和防触电措施。

（10）进行冷拉或张拉工作，要有专人指挥。

（11）所需各种钢筋机械，必须制定安全技术操作规程，并认真遵守，钢筋机械的安全防护设施必须安全可靠。

四、模板工程安全技术操作规程

（1）模板支撑不得使用腐朽、扭裂、劈裂的材料，顶撑要垂直，底部平整坚实，并加垫木，木楔要牢，并用横顺拉杆和剪刀撑拉牢。

（2）支撑应按工序进行，模板未固定前，不得进行下道工序，禁止利用拉杆支撑攀登上下，支撑独立梁模应设临时工作台，不得站在柱模上操作和在梁底模上行走。

（3）木屋架安装，应在地面上拼装，必须在上面拼装的，应连续进行，若中断时应设临时支撑，屋架就位后，应及时安装拉杆。

（4）使用木工机械，一定要设安全防护装置，否则，禁止使用。

（5）从车上卸圆木时，应有专人指挥，圆木滚卸时，车上不准留人，车下禁止行人通过。

（6）圆木跺高一般不得超过3m，跺距不得小于1.5m，成材跺高一般不得超过4m，每50cm加横木，跺距不得小于1m，用小车运料时，拐弯要慢行，两车间距不小于5m。

（7）高处、复杂结构模板的装拆，事先应有可靠的安全措施。

（8）当模板高度大于5m以上时，应搭脚手架，设防护栏，禁止上下在同一垂直面操作。

（9）拆模后模板或方木上的钉子，应及时拔除或敲平，防止钉子扎脚。

五、砌体工程安全技术操作规程

（1）在操作之前必须检查操作环境是否符合安全要求，道路是否畅通，机具是否完好牢固，安全设施和防护用品是否齐全，经检查符合要求后方可施工。

（2）操作员应佩戴安全帽和帆布手套。

（3）砌基础时，应检查和经常注意基坑土质变化情况，有无崩裂现象，堆放砖石材料应离开坑边1m以上。

（4）砌体高度超过地坪1.2m以上时，应搭设脚手架，在一层以上或高度超过3.2m时采用外脚手架应设防护栏杆和挡脚板后方可砌筑。

（5）砌筑时脚手架的堆石不宜过多，应随砌随用，同一块脚手板上的操作人员不应超过2人。

（6）凿石时应注意凿石方向，注意碎石伤人。

（7）使用于垂直运输的吊笼、绳索具等，必须满足负荷要求，牢固无损，吊运时不得超载，并须经常检查，发现问题及时修理。

（8）冬季施工时，脚手板上有冰雹、积雪，应先清理后才能上架子进行操作。

（9）如遇雨天及每天下班时，要做好防雨措施，以防雨水冲走砂浆，使砌体倒塌。

（10）在同一垂直面内上下交叉作业时，必须设置安全隔板，下方操作人员必须戴好安全帽。

（11）人工垂直向上或往下传递砖块，架子上的站人板宽度不小于90cm。

六、防水工程安全技术操作规程

（1）装卸、搬运、熬制、铺涂沥青，必须使用规定的防护用品，皮肤不得外露。装卸、搬运碎沥青，必须洒水，防止粉末飞扬。

（2）熬油之前，应清除锅内杂质和积水。

（3）锅内沥青着火，应立即用铁锅盖盖住，停鼓风机，熄灭炉火，严禁在燃烧的沥青中浇水，应用干砂或湿麻袋灭火。

（4）配制冷底子油，下料应分批、少量、缓慢，不停搅拌，不得超过锅容量的1/2，温度不超过80℃，并严禁烟火。

（5）屋面作业时，应严格遵守高处作业安全技术规程，临边作业时应侧身操作。

（6）在地下室、基坑、池壁、管道、容器内等处进行有毒、有害的涂料作业时，应定时轮换间歇，通风换气。

（7）配制环氧树脂及沥青时，操作场地应通风良好，并须戴好防护用品。

七、电工安全技术操作规程

（1）所有绝缘、检验工具，应妥善保管，严禁他用，并应定期检查。

（2）现场施工用高低压设备线路，应按照施工组织设计及有关电气安全技术规程安装和架设。

（3）线路上禁止带负荷接电。

（4）熔化焊锡，锡块、工具要干燥，防止爆溅。

（5）喷灯不得漏气、漏油及堵塞，不得在易燃、易爆场所点火及使用，工作完毕，灭火放气。

（6）有人触电，立即切断电源，进行急救，电器着火，应立即将有关电源切断，使用泡沫灭火器或干砂灭火。

八、电焊工安全技术操作规程

（1）电焊机外壳，必须接地良好，其电源的装拆应由电工进行。

（2）电焊机要设单独的开关，开关应放在防雨的闸箱内，拉合时应戴手套，侧向操作。

（3）严禁在带压力的容器或管道上施焊，焊接带电的设备必须先切断电源。

（4）在密闭金属容器内焊接时，容器必须可靠接地，通风良好，并应有人监护，严禁向容器内输入氧气。

（5）焊接预热部件时，应有石棉布或挡板等隔热措施。

（6）更换移动把线时，应切断电源，并不得持把线爬梯登高。

（7）多台焊机在一起集中焊接时，焊接平台或焊件必须接地，并应有隔光板。

（8）雷雨时，应停止露天焊接作业。

（9）焊接场地周围应清除易燃易爆物品，或进行覆盖隔离。

（10）工作结束，应切断电焊机电源，并检查操作地点，确认无起火危险后，方可离开。

九、气焊工安全技术操作规程

（1）施工焊场地周围应清除易燃易爆物品，或进行覆盖、隔离。

（2）必须在易燃易爆气体或液体扩散区焊接时，应经有关部门检验许可后，方可进行。氧气瓶、氧气表及焊割工具上，严禁沾染油脂。

（3）乙炔发生器的零件和管路接头，不得采用紫铜制作。

（4）高、中压乙炔发生器，应可靠接地，压力表及安全阀应定期校验。

（5）碎电石应掺在小块电石中使用，夜间添加电石，严禁用明火照明。

（6）不得手持连接胶管的焊枪爬梯、登高。

（7）严禁在带压的容器或管道上焊、割，带电设备应先切断电源。

（8）铅焊时，场地应通风良好，皮肤外露部分应涂护肤油，工作完毕应洗刷。

（9）工作完毕，应将氧气瓶阀门关好，拧上安全罩，乙炔桶提出时，头部应避开浮桶上升方向，拔出后要卧放，禁止扣放在地上，检查操作场地，确认无着火危险，方准离开。

十、对焊机安全技术操作规程

（1）对焊机应安装在室内或棚内，并有良好的接地，每台对焊机必须安装刀闸开关。

（2）操作前检查对焊机及压力机械是否灵活，夹具是否牢固。

（3）通电前必须通水，使电极及次极绕组变冷，同时检查有无漏水现象，漏水禁止使用。

（4）焊接现场禁止堆放易燃易爆物品，现场必须配备消防器材，操作人员必须佩戴防护镜、绝缘手套及帽子，站在垫木或其他绝缘材料上才能作业。

（5）焊接前应根据所焊钢材的截面调整电压，禁止焊接超过对焊机规定的钢筋。

（6）焊机所有活动部位应定期注油，确保良好的润滑。

（7）接触器、继电器应保持清洁，冷水的温度不得超过40℃。

（8）焊接较长的钢筋时，应设支架，配合搬运人员。

（9）冬季施工室内温度不得低于8℃，用完后将机械内水吹干。

（10）工作完后，必须切断电源，清除切口及周围的焊渣，以确保焊机清洁后，收拾好工具、清扫现场及对设备进行保养。

十一、混凝土振捣器安全技术操作规程

（1）使用振捣器前必须检查各部位的连接牢固、转向正确，穿戴好防护用品后方可操作。

（2）振捣器不得放在初凝的混凝土上，地板、脚手架、道路干硬的地面上试振，如检修停止作业时应切断电源。

（3）插入式振捣软轴的弯曲半径不小于50℃，操作时振捣棒应自然下垂，不得用力插入，也不得全部插入混凝土中。

（4）振捣保持清洁，不得有混凝土直接在电动机外壳上，妨碍散热。

（5）作业转移时，电动机外导线应保持足够的长度和松度，严禁用电源线拖拉振捣器。

（6）用绳拉平板振捣器时，拉绳应干燥绝缘，移动时，不得用脚踢振动机。

（7）振捣器与平板要保持紧固，电源线必须固定在平板上，开关应装在把手上。

（8）在一个构件上同时用几台附着式振捣器时所有振捣器的频率必须相同。

（9）作业后，做好清洗、保养工作，振捣器要放在干燥处。

（10）工作完毕后，清理好现场，振捣器放在规定位置，切断电源，关好刀闸箱。

十二、搅拌机安全技术操作规程

（1）作业前检查搅拌机安全传动部位、工作装置、防护是否灵活可靠。

（2）启动后先经空转，检查搅拌机叶轮旋转方向正确，方可进行搅拌作业。

（3）作业中不得用手或木棒进行搅拌或清理筒内灰浆。

（4）作业中如发生事故，应切断电源将灰筒内砂浆倒出，进行维修。

（5）作业后，做好搅拌机内外清理、保养及场地的清理工作，切断电源，锁好箱门。

十三、起重工安全技术操作规程

（1）起重指挥应由技术熟练、懂得起重性能的人员担任。指挥时应站在能够照顾到全面工作的地点，所发信号应事先统一，并做到准确、洪亮且清楚。

（2）80t 以上的设备和构件，风力达 5 级时，应停止吊装。

（3）所有人员严禁在起重臂和吊起的重物下面停留或行走。

（4）使用卡环应使长度方向受力，拍牢卡环应预防销子滑脱，有缺陷的卡环严禁使用。

（5）编结绳扣应使各股松紧一致，编结部分的长度不得小于钢丝绳直径的 15 倍，并且不得短于 300mm，用卡子连成绳套时，卡子不得少于 3 个。

（6）使用 2 根以上绳扣吊装时，绳扣间的夹角如大于 100°，应采取防止滑钩等措施。

（7）用 4 根绳扣吊时，应在绳扣间加铁块等调结其松紧度。

（8）使用开口滑车必须扣牢，禁止人员跨越和停留在钢丝绳可能弹及的地方。

十四、钢筋弯曲机安全技术操作规程

（1）操作台面和弯曲机面要保持水平，并准备好各种芯轴及工具。

（2）按加工钢筋的直径与弯曲钢筋半径的要求，装好芯轴、成形轴、挡铁轴、变挡轴，芯轴直径为钢筋的 2.5 倍。

（3）启动前必须检查芯轴、挡铁、转盘无损坏和裂纹，防护罩牢固可靠，经运转确认安全后方可作业。

（4）作业时将钢筋需要弯曲的插头插在固定销的间隙内，另一端紧靠机身固定销，并用手压紧，检查机身固定销，确定在固定销的一侧，方可开动。

（5）作业中严禁更换芯销子、变更角度或调速等作业，亦不能加油或清扫。

（6）弯曲时，严禁超过本机规定的钢筋直径根数及机械速度。

（7）弯曲高强度钢筋时，应按机械铭牌规定换算最大值并调换相应的芯轴。

（8）严禁在弯曲钢筋的作业半径和机身不设固定销一侧站人，弯曲好的钢筋要堆放整齐，弯钩不得向上。

（9）转盘转向时，必须停稳后进行。

（10）作业完毕，清理作业现场，切断电源，锁好开关箱。

十五、钢筋切断机安全技术操作规程

（1）使用前必须检查切刀有无裂缝，刀架螺栓是否上紧，防灰罩是否牢固，然后用手转动皮带轮，检查齿合间隙，调整好齿轮间隙。

（2）接送台面和切刀下部保持水平，工作台的长度可根据实际而定。

（3）启动机先空转，检查传动部位及轴承运转正常后，方可作业。

（4）机械未达到正常转速时不得切料，切料时，必须使用切刀的下部，紧握钢筋对准刀口迅速送入。

（5）不得剪切直径及强度超过机械铭牌规定的钢筋，一次切断多根钢筋时，总截面积应在规定的范围内。

（6）剪切低合金钢时，应换高硬度切刀，直径应符合铭牌规定。

（7）切断短料时，手和切刀要保持 1500mm 以上，如手握小于 9mm 的钢筋时，应用套管将钢筋短头压住。

（8）运动中，严禁用手直接清除切刀附近端杂物，钢筋摆动周围内切刀附近的非工作人员不得停留。

（9）发现机械转动异常，应立即停机检修。

（10）作业后，用钢刷清除切口间杂物，切断电源，锁好电源开关箱后离开。

十六、钢筋冷拉机械安全技术操作规程

（1）合理选用冷拉钢筋场地，卷扬机要用地锚固定牢固，卷扬机的钢丝绳应经封闭导向滑轮。

（2）冷拉场地在两端地锚外侧设置警戒区，并设警示标志，严禁无关人员在此停留，操作人员在操作时必须离开钢筋最少 2m。

（3）操作前必须检查冷拉夹具，滑轮拉钩、地锚必须牢固可靠，确保安全后方可作业。

（4）卷扬机操作人员必须看到指挥人员发出的信号，并待所有人员离开危险区时方可作业，冷拉应缓慢、均匀地进行，随时注意停车信号或见有人进入危险区时应立即停车，并稍稍放松卷扬机钢丝绳。

（5）用于控制延伸率的装置必须装设明显限位标志，并设专人负责指挥。

（6）夜间作业照明设施应设在危险区外，如必须装设在场地上空，其高度应超过 5m，灯泡应加防护罩，导线不用裸线。

（7）作业完毕，清理作业现场，切断电源后方能离开。

第四节　脚手架工程安全技术要求

脚手架在建筑施工中是一项使用非常普遍而又不可缺少的重要工具。脚手架要求有足够的面积，能满足工人操作、材料堆置和运输的需要，同时还要求坚固稳定，能保证施工期间在各种荷载和气候条件下不变形、不倾斜和不摇晃。

我国因脚手架问题造成的人身伤亡事故在所有工程施工伤亡事故中所占的比例非常高（50%以上），是群死群伤工程事故的高发地。尤其是高层建筑施工脚手架使用量大，技术复杂，对施工人员的安全、工程质量、施工进度、工程成本以及邻近建筑和场地的影响都很大，不安全因素多，容易造成重大人员伤亡事故，所以施工中所涉及的结构工程以及设备管道的安装工程都需要按操作要求搭设脚手架，以确保施工安全。

一、脚手架工程事故原因

脚手架工程施工事故尽管发生的情况各有不同，起因多种多样，但却有许多共同的规律性，主要表现在以下方面。

1. 脚手架设计不够严谨、科学

（1）建筑中的阳台、雨篷、宽腰线、檐口以及其他突出于墙面的构造对脚手架设置的影响和要求，常常疏于考虑或者考虑不够。

（2）在设计脚手架时，常常只按隔几跨和隔几步设置连墙点，而没有按照结构的实际情况仔细地考虑是否都能设置，以及当一些点不能按规定位置设置时，应当如何处理。

（3）对固定荷载、可变荷载可能显著超过设计规定值的特定部位和特定使用情况没有进行考虑和另行验算。例如与井字架相接的转运平台，一般每层都要满铺脚手板，固定荷载很大，而当有较重的构件（如长过梁等）需要多人抬装时，将使局部的施工荷载过大。

（4）没有仔细考虑在施工过程中因运输或施工作业的需要，必须拆去某些杆件或连墙点，在不能随即恢复或者不能恢复时，脚手架能不能确保安全以及不安全时应当采取何种弥补措施。

（5）没有仔细考虑脚手架是否可以完全满足使用的要求，为施工操作提供方便；有没有不好操作或者需要垫高等情况出现。

（6）没有细致周到地设置安全防护。工人作业时，注意力往往集中在操作上，特别是在匆忙之中会出现意外情况。脚手架的防护设施应能有效地对工人起到保护作用，避免造成伤亡。

（7）脚手架搭设时常常只给出一般的构造图示和描述，没有给出节点和有变化部位的图示，造成了搭设中的随意性。

2. 违章作业

凡不按脚手架设计和有关规定进行搭设、使用、拆除、运输以及堆放作业，都是违章作业。经常出现的违章作业情形可大致归纳如下：

（1）不按规定程序进行脚手架的搭设和拆除作业。

（2）在搭设过程中，未按规定及时设置连墙件、拉结或支顶杆件。

（3）在拆除过程中，过早或过多地松开连墙件和脚手架杆件节点。

（4）在搭设或拆除作业中，工人脚下踩的和手臂把持的支持物（杆件、脚手板和其他结构件）不稳定。

（5）进入现场作业时，不按规定戴安全帽、不穿防滑鞋。

（6）进行高空作业时，不按规定佩挂安全带。

（7）上架作业前，未对脚手架进行检查，在缺脚手板、缺防护设施、不稳定或承载力不够的架子上冒险作业。

（8）在脚手架作业面或转运平台上过高和过量地堆物或作业人员过度集中。

（9）贪图方便，不走规定的上下通道。

（10）使用不合格的材料搭设脚手架。

（11）在作业过程中任意拆除构架杆部件和防护设施，而没有采取可靠的弥补措施。

（12）在进行作业时，不顾及附近人员的安全。

（13）在没有采取可靠的安全保护措施的情况下，在脚手架上进行撬、拔、推拉、冲击等危险性较大的作业。

（14）在大风、雨、雪之后，没有对脚手架进行认真检查和清理，就开始在架子上作业。

3. 缺乏自我防护的意识和素质

安全事故大多出现在当事者没有意识到不安全因素的时候，由于没有意识到有危险，也就放松了自我保护的警惕性。脚手架上的作业面比较窄，经常会发生意外的事情，如果不能自始至终地保持高度的自我保护意识，就难免受到意外伤害。

二、脚手架工程安全技术要求

脚手架工程属高处作业，其安全技术要求主要有：①必须有完善的施工方案，并经企业技术负责人审批；②必须有完善的安全防护措施，要按规定设置安全网、安全护栏、安全挡板；③操作人员上下架子，要有保证安全的扶梯、爬梯或斜道；④必须有良好的防电、避雷装置，钢脚手架等均应可靠接地，高于四周建筑物的脚手架应设避雷装置；⑤必须按规定设扫地杆、连墙件和剪刀撑，保证架体牢固；⑥脚手板要铺满、铺稳，不得留探头板，要保证有 3 个支撑点，并绑扎牢固；⑦在脚手架搭设和使用过程中，必须随时进行检查，经常清除架上的垃圾，注意控制架上的荷载，禁止在架上过多地堆放材料和多人挤在一起；⑧工程复工和风、雨、雪后应对脚手架进行详细检查，发现有立杆沉陷、悬空、接头松动、架子歪斜等情况应及时处理；⑨遇 6 级以上大风或大雾、大雨，应暂停高处作业，雨雪后上架操作要有防滑措施。

第五节　防火安全管理与文明施工

一、施工火灾产生的原因及预防

1. 施工现场发生火灾的原因

（1）建筑施工工地易燃物品多，在这些物品的使用和保管过程中，安全距离常常难以满足要求，火势容易蔓延。

（2）建筑施工工地现场条件复杂，电线和插头多，易磨损、破裂产生漏电而引发火灾。

（3）建筑施工工地现场电作业和焊接作业多，容易引燃易燃物品。

（4）建筑施工工地道路狭窄、障碍物多，消防设施难以及时发挥作用。

2. 火灾的预防

（1）建立以防火工作为重点的一系列管理制度。

（2）建立具体的安全防火责任制度和定期防火检查制度。

（3）建立合理的机械设备更新、使用、保养和维修制度，减少火灾隐患。

（4）建立易燃、易爆、易挥发、易腐蚀等物品的管理和使用制度，减轻火灾的蔓延趋势。

（5）加强施工现场的用电、用火管理，对于电线、开关、电闸、配电箱必须设专人管理，严禁现场吸烟、喝酒、私接乱接电线以及使用电炉和取暖器。

（6）坚持做好现场防火宣传工作，提高现场火灾防范能力。

二、文明施工的重要意义

（1）文明施工是实现现代化企业管理的客观要求，是提高工程质量、降低工程成本的基本保证，是施工管理水平的综合体现。

（2）文明施工是社会经济发展和城市化水平的重要组成部分，是提高城市居民的生活、工作、学习等环境质量的重要内容。

（3）文明施工是提高施工队伍的技术水平、职工文化素质和行为标准的不可缺少的内容。

三、文明施工的含义和内容

1. 文明施工的含义

文明施工是指在施工生产过程中，现场施工人员生产活动和生活活动必须符合正常的社会道德规范和行为准则，按照施工生产的客观要求从事生产活动，以保持施工现场的高度秩序和规范，以减少对现场周围的自然环境和社会环境的不利影响，杜绝野蛮施工和行为粗鲁，从而使工程项目能够顺利完成。

2. 文明施工的内容

（1）在施工生产和生活活动中，加强施工人员的文明行为教育。

（2）科学合理地组织施工生产，保证现场施工紧张而有秩序地进行。

（3）加强各施工队伍之间的密切配合，减少不协调和矛盾的产生。

（4）加强现场施工管理，减少对周围环境的影响和干扰。

四、文明施工的实施措施

施工现场文明施工管理的好坏，直接反映着一个企业的外部形象，树立企业形象，展现企业风采，全面开展创建文明工地活动，做到"两通三无四必须"：施工现场人行道畅通，施工工地沿线单位和居民出入口畅通；施工中无管线高放，施工现场排水畅通无积水，施工工地道路平整无坑塘；管理人员必须佩卡上岗，工地现场施工材料必须堆放整齐，工地生活设施必须清洁文明，工地现场必须要开展以创建文明工地为主要内容的思想政治工作。

1. 文明施工组织机构

成立由项目经理为组长，施工队队长为副组长的文明施工管理小组，全面开展创建文明工地活动，创造良好的施工环境和氛围，保证整体工程的顺利完成。

2. 文明施工保证措施

（1）施工现场醒目位置处设置文明施工公示标牌，标明工程名称、工程概况、开竣工日期、建设单位、设计单位、施工单位、监理单位名称及项目负责人、施工现场平面布置图和文明施工措施、监督举报电话等内容。

（2）施工区域与非施工区域设置分隔设施。根据工程文明施工要求，凡设置全封闭施工设施的，均采用高度不低于1.8m的围挡；凡设置半封闭施工分隔设施的，则采用高度不低于1m的护栏。分隔设施做到连续、稳固、整洁、美观。半封闭交通施工的路段，留有保证通行的车行道和人行道。

（3）在过往行人和车辆密集的路口施工时，与当地交警部门协商制定交通示意图，并做好公示与交通疏导，交通疏导距离一般不少于50m。封闭交通施工的路段，留有特种车辆和沿线单位车辆通行的通道和人行通道。

（4）因施工造成沿街居民出行不便的，设置安全的便道、便桥；施工中产生的沟、井、槽、坑应设置防护装置和警示标志及夜间警示灯。如遇恶劣天气应设专人值班，确保行人及车辆安全。

（5）在进行地下工程挖掘前，向施工班组进行详细交底。施工过程中，与沿线产权单位提前联系，要求该单位在施工现场设专人做好施工监护，并采取有效措施，确保地下设施安全。如因施工需要停水、停电、停气、中断交通时，应采取相应的措施，并提前告之沿线单位及居民，以减少影响和损失。

（6）加强对现场施工人员的管理，教育施工人员讲求职业道德，自觉遵守《市民文明守则》及《治安管理条例》，杜绝违法违纪和不文明行为的发生，现场施工人员配备统一的胸卡标志。

（7）施工区域与办公、生活区域分开设置，制定相应的生活、卫生管理制度。办公、生活临建设施采用整洁、环保材料搭建，不设地铺、通铺。特殊天气条件下，采取有效的防暑降温、防冻保温措施，夏季有防蚊蝇措施。现场配备急救药箱，能够紧急处置突发性急症和意外人身伤害事故。

（8）工地卫生。

1）有合格的可供食用的水源，保证供应开水，严禁食用生水，场地做到整洁卫生。

2）厕所严禁设置于河道上，有贮粪池或集粪坑，并密封加盖。

3）食堂与厕所、污水沟距离应大于30m，内外环境整洁，有消毒、防尘、灭蝇、灭鼠措施，设熟食间或有熟食罩，（必须配冰箱），生熟具分开，定期清洗，要留有样菜。

4）宿舍、更衣室做到通风、照亮、干燥、无异味、无蛛网、无积灰、无痰迹、无烟头纸屑，床上生活用品堆放整齐。

5）浴室有专人负责清扫，室内排水畅通，但不得随意排放路边影响交通。

6）工地设医务室，在医务室配急救药箱，药物品种齐全，有专人负责，做好药品发放记录，医务人员要抓好防病和食堂卫生巡视宣传工作，高温季节做好防暑、降温工作。

（9）工程竣工验收前，清理工地及周边环境，做到工完、料尽、场地清。

第六节　安全事故预防与处理

一、安全事故预防的原则

（1）坚持"安全第一，预防为主"的原则。

（2）坚持现场常规安全管理和重点安全管理相结合的原则。

（3）科学地安排现场施工，实现施工安全动态管理的原则。

（4）建立严格的检查、考核和统计制度，加强建筑施工企业安全管理和现场安全管理并重的原则。

（5）健全一系列安全生产责任制和规章制度，实施安全生产目标。

二、预防安全事故的具体措施

（1）加强安全思想教育和安全法规教育。

（2）加强职工安全技术知识培训和教育。

（3）加强施工现场的安全防护。

（4）严格执行安全检查制度。

（5）建立劳动保护用品按期发放制度。

三、安全事故的调查与处理

1. 安全事故的处理程序

（1）保护事故现场，及时抢救伤员。

（2）迅速成立安全事故调查小组。

（3）事故现场情况调查。

（4）分析事故产生原因。

（5）确定事故的性质。

（6）撰写事故报告。

（7）事故的审理和结案。

2. 收集调查资料

（1）为了弄清事故发生的原因，必须收集与事故有关的以下资料：

1）与事故有关的图纸资料，如施工图、变更通知、材料替换通知等。

2）与事故有关的施工文件资料，如施工组织设计、施工方案、安全技术措施、安全责任制、会议纪要、建设方来文等。

3）与事故有关的各种文件、资料和数据，如施工日志、构件及材料的强度报告、现场施工及管理文件等。

（2）现场勘察。

1）发生事故时现场的基本情况，如时间、地点、天气；现场人员情况，如人数、姓名、职务；现场原先情况和事故发生后的情况确认；现场人员、机械、设备、安全防护设施和现场施工条件有无异常情况等。

2）现场事故情况实录，采用照相、摄像和录单的办法将现场情况如实反映出来，以便调查分析时参考。

3）采用绘制图形的方法将事故所涉及的平面、立体关系反映出来，针对安全事故对工程所造成的破坏程度和影响程度、事故的规模以及工程质量的影响必须有明确的反应。

3. 事故调查报告内容

（1）事故调查报告应包括事件发生的时间、地点及周围环境情况；事故调查的基本事实；人员伤亡情况、经济损失情况、工期损失情况及其他方面的影响等；施工现场责任人、事故受害人的情况；事故破坏程度的基本描述。

（2）事故的主要原因。通过调查查明事故发生的经过，分析各种因素如人员、技术、设备、机械等可能的事故隐患，找出事故产生的主要原因。

（3）事故调查小组在报告中，要充分反映事故发生的经过、原因、责任、教训、损失情况、处理意见及改进安全措施的意见和建议，报有关部门审批。

（4）附有关调查材料的原件。

4. 事故的审理和结案

（1）事故调查报告上报后，经有关部门审批后才能结案。

（2）对事故主要责任人应根据事故的损失大小和责任轻重区别对待，严肃处理。

（3）安全事故资料进行专案存档。

5. 事故主处理方案

一般情况下追究与安全质量事故有关的直接责任人、主要责任人和领导责任人的责任，主要有行政处理、经济赔偿、法律责任三方面的内容，视具体情况的轻重不同而定。

四、工程建设重大事故的分级

1. 一级重大事故

（1）死亡 30 人以上。

（2）直接经济损失 300 万元以上。

2. 二级重大事故

(1) 死亡 10 人以上，29 人以下。

(2) 直接经济损失 100 万元以上，不满 300 万元。

3. 三级重大事故

(1) 死亡 3 人以上，9 人以下。

(2) 重伤 20 人以上。

(3) 直接经济损失 30 万元以上，不满 100 万元。

4. 四级重大事故

(1) 死亡 2 人以下。

(2) 重伤 3 人以上，19 人以下。

(3) 直接经济损失 10 万元以上，不满 30 万元。

思　考　题

7-1　施工安全事故产生的原因有哪些方面？

7-2　施工安全管理的内容包括哪些？

7-3　施工安全技术交底都包括哪几个方面？

7-4　预防安全事故的具体措施有哪些？

7-5　脚手架工程安全技术有哪些要求？

第八章　施工现场收尾管理

第一节　收尾管理基本知识

收尾阶段是建设项目生命周期的最后阶段，没有这个阶段，项目就不能正式投入使用。如果不能做好收尾工作，项目各相关人就不能终止他们为完成本项目所承担的义务与责任，也不能及时地从项目中获取应得的利益。因此，当项目的所有活动均已完成，或者虽未完成，但由于某种原因而必须停止并结束时，项目经理部应当做好项目收尾管理工作。

一、收尾管理的要求

建设项目收尾阶段的管理工作应符合下列要求：

（1）项目竣工收尾。在项目竣工验收前，项目经理部应检查合同约定的哪些工作内容已经完成，或完成到什么程度，并将检查结果记录形成文件；总分包之间还有哪些连带工作需要收尾接口，项目近外层和远外层关系还有什么工作需要沟通协调等，以保证竣工收尾顺利完成。

（2）项目竣工验收。项目竣工收尾工作内容按计划完成后，除了承包人的自检评定外，应及时地向发包人递交竣工工程申请验收报告。发包人应按竣工验收法规，向参与项目各方发出竣工验收通知单，组织进行项目竣工验收。

（3）项目竣工结算。项目竣工验收条件具备后，承包人应按合同约定和工程价款结算的规定，及时编制并向发包人递交项目竣工结算报告及完整的结算资料，经双方确认后，按有关规定办理项目竣工结算。办完竣工结算，承包人应履约按时移交工程成品，并建立交接记录，完善交工手续。

（4）项目竣工决算。项目竣工结算是由项目发包人（业主）编制的项目从筹建到竣工投产或使用全过程的全部实际支出费用的经济文件。竣工决算综合反映了竣工项目的建设成果和财务情况，是竣工验收报告的重要组成部分。

（5）项目回访保修。项目竣工验收后，承包人应按工程建设法律、法规的规定，履行工程质量保修义务，并采取适宜的回访方式为顾客提供售后服务。

（6）项目考核评价。项目结束后，应对项目管理的运行情况进行全面评价。通过定量指标和定性指标的分析、比较，从不同的管理范围总结项目管理经验，找出差距，提出改进处理意见。

二、收尾管理的内容

项目收尾管理的内容，是指项目收尾阶段的各项工作内容，主要包括竣工收尾、竣工结算、竣工决算、回访保修、管理考核评价等方面的管理。

建筑工程项目收尾管理工作的具体内容如图 8-1 所示。

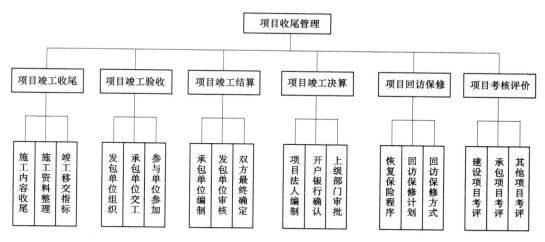

图 8-1 建设项目收尾管理工作内容示意图

第二节 工程竣工管理

工程项目竣工验收交付使用，是项目生命期的最后一个阶段，是检验项目管理好坏和项目目标实现程度的关键阶段，也是工程项目从实施到投入运行使用的衔接转换阶段。

从宏观上看，工程项目竣工验收是国家全面考核项目建设成果，检验项目决策、设计、施工、设备制造、管理水平，总结工程项目建设经验的重要环节。一个工程项目建成投产交付使用后，能否取得预想的宏观效益，需经过国家权威性管理部门按照技术规范、技术标准组织验收确认。

从投资者角度看，工程项目竣工验收是投资者全面检验项目目标实现程度，并就工程投资、工程进度和工程质量进行审查认可的关键。它不仅关系到投资者在项目建设周期的经济利益，也关系到项目投产后的运营效果。因此，投资者应重视和集中力量组织好竣工验收，并督促承包者抓紧收尾工程，通过验收发现隐患，消除隐患，为项目正常生产、迅速达到设计能力创造良好条件。

从承包者角度看，工程项目竣工验收是承包者对所承担的施工工程接受投资者全面检验，按合同全面履行义务，按完成的工程量收取工程价款，积极主动配合投资者组织好试生产、办理竣工工程移交手续的重要阶段。

一、竣工计划

建设项目进入竣工收尾，项目经理部应全面负责项目竣工收尾工作，组织编制详细的竣工收尾工作计划，采取有效措施逐项落实，保证按期完成任务。

1. 建设项目竣工计划的编制程序

建设项目竣工计划的编制应按系列程序进行：

（1）制定项目竣工计划。项目收尾应详细清理项目竣工的工程内容，列出清单，做到安排的竣工计划有切实可靠的依据。

（2）审核项目竣工计划。项目经理应全面掌握项目竣工收尾条件，认真审核项目竣工内容，做到安排的竣工计划有切实可行的措施。

（3）批准项目竣工计划。上级主管部门应调查核实项目竣工收尾情况，按照报批程序执行，做到安排的竣工计划有目标可控的保证。

2. 项目竣工计划的内容

项目竣工计划应包括以下内容：

（1）竣工项目名称。

（2）技改项目收尾具体内容。

（3）竣工项目质量要求。

（4）竣工项目进度计划安排。

（5）竣工项目文件档案资料整理要求。

建筑工程项目竣工计划的内容的编制格式见表 8-1。

表 8-1　　　　　　　　　　建筑工程项目竣工计划

序号	收尾项目名称	简要内容	起止时间	作业队组	班组长	竣工资料	整理人	验证人

3. 建设项目竣工计划的审核

项目经理应定期和不定期地组织对项目竣工计划进行审核。有关施工、质量、安全、材料、作业等技术、管理人员要积极协助配合，对列入计划的收尾、修补、成品保护、资料整理、场地清扫等内容，要按分工原则逐项检查核对，做到完工一项，验证一项，消除一项，不给竣工收尾留下遗憾。

建设项目竣工计划的审核应依据法律、行政法规和强制性标准的规定严格进行，发现偏差要及时进行调整、纠偏，发现问题要强制执行整改。竣工计划的审核应满足下列要求：

（1）全部收尾项目施工完毕，工程符合竣工验收条件的要求。

（2）工程的施工质量结果自检合格，各种检查记录、评定资料齐备。

（3）水、电、气、设备安装、智能化等结果试验、调试达到使用功能的要求。

（4）建筑物室内外做到文明施工，四周 2m 以内的场地达到了工完、料净、场地清。

（5）工程技术档案和施工管理资料收集整理齐全，装订成册，符合竣工验收规定。

二、竣工自查与验收

（一）建设项目竣工自查

项目经理部完成项目竣工计划后，确认达到较高条件后，应按规定向所在企业报告，进行项目竣工自查验收，填写工程质量竣工验收记录、质量控制资料核查记录、工程质量观感记录表，并对工程施工质量作出合格结论。

建设工程项目竣工自查的步骤如下：

（1）由一家承包人独立承包的施工项目，应由企业技术负责人组织项目经理部的项目经理、技术负责人、施工管理人员和企业的有关部门对工程质量进行检查验收，并做好质量检验记录。

（2）依法实行总分包的项目，应按照法律、行政法规的规定，承担质量连带责任，按规定的程序进行自检、复查和报审，直到项目竣工交接报验结束为止。

（3）当项目达到竣工报验条件后，承包人应向工程监理机构递交工程竣工报验单，提请监理机构组织竣工预验收，审查工程是否符合正式竣工验收的条件。

（二）竣工验收

工程项目的竣工验收是施工全过程的最后一道程序，也是工程项目管理最后一项工作。它是建设投资成果转入生产或使用的标志，也是全面考核投资效益、检验设计和施工质量的重要环节，是项目业主、合同商向投资者汇报建设成果和交付新增固定资产的过程。按照我国政府的有关规定，所有完工的新建项目和技术改造项目都必须进行竣工验收。竣工验收是国内投资项目在后评价之前最重要的环节，项目竣工验收的内容、方法和资料又是进行项目后评价的重要基础。

1. 竣工验收的条件

当建筑工程符合以下条件时，方可组织竣工验收：

（1）建筑工程按照工程合同的规定和设计的要求，完成了全部施工任务，达到了国家规定的质量标准，能够满足生产和使用的要求。

（2）施工单位在工程完工后对工程质量进行了检查，确认工程质量符合有关法律、法规和工程建设强制性标准，符合设计文件及合同要求，并提出工程竣工报告。工程竣工报告应经施工单位法定代表人和该工程项目经理审核签字。

（3）对于实行监理的工程项目，监理单位对工程进行了质量评估，并提出工程质量评估报告。工程质量评估报告应经总监理工程师和监理单位法定代表人审核签字。

（4）勘察、设计单位对勘察、设计文件及施工过程中由设计单位签署的设计变更通知书进行了检查，并提出质量检查报告。质量检查报告应经该项目勘察、设计负责人和勘察、设计单位法定代表人审核签字。

（5）有国家和省规定的完整的技术档案和施工管理资料。

（6）主要建筑材料、建筑构配件和设备有按国家和省规定的质量合格文件及进场试验报告。

（7）建设单位已按合同约定支付工程款。

（8）建设单位和施工单位已签订工程质量保修书。

（9）城乡规划行政主管部门对工程是否符合规划设计要求进行检查，并出具认可文件。

（10）居住建筑及其附属设施应达到节能标准，并出具建筑节能部门颁发的节能建筑认定书。

（11）法律、行政法规规定应当由公安、消防、环保、气象等部门出具认可文件或者准许使用文件。

（12）建设行政主管部门及其委托的工程质量监督机构等有关部门责令整改的问题全部整改完毕。

2. 竣工验收的依据

建筑工程项目竣工验收主要依据以下几个方面：

（1）上级主管部门批准的该项目的各种文件。包括可行性研究报告、初步设计、施工图纸及说明书、设备技术说明书等。

（2）双方签订的施工合同。包括施工承包的工作内容和应达到的标准。

（3）设计变更通知书。

（4）国家颁布的各种质量验收标准和施工验收规范。

3. 建筑工程项目竣工验收的程序

建筑工程项目竣工验收工作，通常按图8-2所示程序进行。

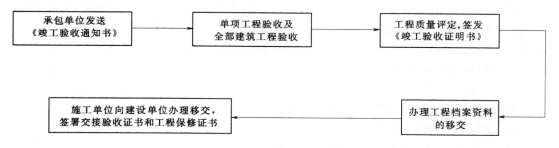

图8-2　建筑工程项目竣工验收程序

（1）发送《竣工验收通知书》。项目完成后，承包人应在检查评定合格的基础上，向发包人递交预约竣工验收的书面通知，提交工程竣工报告，说明拟交工程项目的情况，商定有关竣工验收事宜，说明竣工验收前的准备情况，包括施工现场准备和竣工资料审查结论。发出预约竣工验收的书面通知应表达两个含义：①承包人按施工合同的约定已全面完成建筑工程施工内容，预验收合格；②请发包人按合同的约定和有关规定，组织施工项目的正式竣工验收。

《交付竣工验收通知书》的格式如下。

交付竣工验收通知书

××××（发布单位名称）：

根据施工合同的约定，由我单位承建的××××工程，已于××××年××月××日竣工，经自检合格，监理单位审查认可，可以正式组织竣工验收。请贵单位接到通知后，尽快洽商，组织有关单位和人员于××××年××月××日前进行竣工验收。

附件：1. 工程竣工报验单

2. 工程竣工报告

××××（单位公章）

年　月　日

（2）正式验收。项目正式验收的工作程序一般分两个阶段进行。

1）单项工程验收。指建筑项目中一个单项工程，按设计图纸的内容和要求建成，并能满足生产或使用要求，达到竣工标准时，可单独整理施工技术资料及试车记录等，进行工程质量评定，组织竣工验收和办理固定资产转移手续。

2）全部验收。指整个建设项目按设计要求全部建成，并符合竣工验收标准时，组织竣工验收，办理过程档案移交及工程保修等移交手续。在全部验收时对已验收的单项工程不再办理验收手续。

（3）进行工程质量评定，签发《竣工验收证明书》。验收小组或验收委员会根据设计图纸和设计文件的要求，以及国家规定的工程质量验收标准，提出验收意见，在确认工程符合竣工标准和合同条款规定之后，应向施工单位签发《竣工验收证明书》。

（4）进行工程档案资料的移交。在工程竣工后，应立即将全部工程档案资料按单位工程分类立卷，装订成册，然后列出工程档案资料移交清单，注册资料编号、专业、档案资料内容、页数及附注。双方按清单上所列资料，查点清楚，移交后，双方在移交清单上签字盖章。移交清单一式两份，双方各自保存一份，以备查对。

（5）办理工程移交手续。工程验收完毕，施工单位要向建设单位逐项办理工程和固定资产移交手续，并签署交接验收证书和过程保修证书。

4. 建筑工程竣工验收的内容

竣工验收一般包括竣工技术资料的审查和工程实体的检验两项主要工作。

（1）竣工技术资料的审查内容一般包括：

1）竣工图纸（包括原设计图及变更修改后的）。

2）竣工测试记录，隐蔽工程的签证。

3）重大障碍、事故的处理记录，已完成的工程量清单。

4）其他相关资料，包括设计变更通知，开、停、复、竣工报告，工程洽商记录等。

（2）工程实体的检验。工程实体的检验主要是依据设计文件和合同中明确的工程建设内容和质量标准，按照国家、行业主管部门颁布的相关的竣工技术验收规范，对拟验工程实体的数量和质量进行检验。发现问题，明确责任，提出整改意见。工程实体的检验主要包括以下内容：

1）隐蔽工程验收。隐蔽工程是指在施工过程中上一道工序的工作结束被下一道工序所掩盖，而无法进行复查的部位。对这些工程在下一道工序施工前，建设单位驻现场人员应按照设计要求及施工规范的规定，及时签署隐蔽工程记录手续，以便施工单位继续进行下一道工序的施工，同时将隐蔽工程记录交施工单位归入技术资料；如不符合有关规定应以书面形式告诉施工单位，令其处理，符合要求后再进行隐蔽工程验收与签证。

2）分项工程验收。对于重要的分项工程，建设单位或其代表应按工程合同的质量等级要求，根据该分项工程施工的实际情况，参照质量评定标准进行验收。在分项工程验收中，必须严格按照有关验收规范选择检查点数，然后计算检验项目和实测项目的合格或优良的百分比，最后确定出该分项工程的质量等级，从而确定能否验收。

3）分部工程验收。在分项工程验收的基础上，根据各分项工程质量验收结论对照分部工程的质量等级，以便决定是否可以验收。另外，对单位或分部土建工程完工后交转安装工程施工前，或中间其他工程，均应进行中间验收，施工单位得到建设单位或中间验收认可的凭证后，方可继续施工。

4）单位工程竣工验收。在分项工程和分部工程验收的基础上，施工单位自行组织有关人员进行检查评定。自行验收合格后提交竣工验收报告（申请验收）。建设单位收到竣工验收报告后，由建设单位（项目）负责人组织施工（含分包）、设计、监理等单位（项目）负责人进行单位工程验收。分包单位对所承包的工程项目检查评定，总包单位派人员参加，验收合格后将资料交总包。当参加验收各方对工程质量验收意见不一致时，可请当地建设行政主管部门或工程质量监督机构协调处理。

通过对分项、分部工程质量等级的统计推断，结合直接反应单位工程结构及性能质量保证的资料，便可系统地检查结构是否安全，是否达到设计要求；再结合观感等直接检查以及对整个单位工程进行全面的综合评定，从而决定是否验收。

5）全部验收。全部验收是指这个建设项目已按设计要求全部建设完成，并已符合竣工验收标准，施工单位预验通过，建设单位初验认可，由建设单位主持，设计单位、施工单位、档案管理机关、行业主管部门参加的正式验收。在整个项目进行全部验收时，对已验收过的单项工程，可以不再进行正式验收和办理验收手续，但应将单项工程验收单作为全部工程验收的附件而加以说明。

5. 建筑工程竣工验收报告

工程竣工验收报告，是指建设单位组织的工程竣工验收所形成的，以证明工程项目符合竣工验收条件，可以投入使用的文件。项目竣工验收应依据批准的建设文件和工程实施文件，根据国家法律、行政法规、部门规章对竣工条件的规定和合同约定的竣工验收要求，提出《工程竣工验收报告》，有关承发包当事人和项目相关组织应签署验收意见，签名并盖单位公章。

工程竣工验收报告的内容主要包括以下几方面的内容：

（1）建设依据。简要说明项目可行性研究报告批复或计划任务书和核准单位及批准文号，批准的建设投资和工程概算（包括修正概算），规定的建设规模及生产能力，建设项目包干协议的主要内容。

（2）工程概况。包括：

1）工程前期工作及实施情况。

2）设计、施工、总承包、建设监理、设备供应商、质量监督机构等单位。

3）各单项工程的开工及完工日期。

4）完成工作量及形成的生产能力（详细说明工期提前或延迟原因和生产能力与原计

划有出入的原因，以及建设中为保证原计划实施所采取的对策）。

（3）初验与试运行情况。初验时间与初验的主要结论以及试运行情况（应附初验报告及试运转主要测试指标，试运转时间一般为3～6个月）。

（4）竣工决算概况。概算（修正概算）、预算执行情况与初步决算情况，并进行建设项目的投资分析。

（5）工程技术档案的整理情况。工程施工中的大事记载，各单项工程竣工资料、隐蔽工程随工验收资料、设计文件和图纸、监理文件、主要器材技术资料以及工程建设中的来往文件等整理归档的情况。

（6）经济技术分析。

1）主要技术指标测试值及结论。

2）工程质量的分析，对施工中发生的质量事故处理后的情况说明。

3）建设成本分析和主要经济指标，以及采用新技术、新设备、新材料、新工艺所获得的投资效益。

4）投资效益的分析，形成固定资产占投资的比例，企业直接收益，投资回报年限的分析，盈亏平衡的分析。

（7）投产准备工作情况。运行管理部门的组织机构，生产人员配备情况，培训情况及建立的运行规章制度的情况。

（8）收尾工程的处理意见。

（9）对工程投产的初步意见。

（10）工程建设的经验、教训及对今后工作的建议。

三、项目竣工结算与决算

（一）项目竣工结算

项目竣工结算是指施工单位完成合同规定的承包工程，经验收质量合格，并且符合合同的要求之后，根据工程实施过程中所发生的实际情况及合同的有关规定而编制的，向建设单位结算自己应得的全部工程价款的过程。通常通过编制竣工结算书来办理。单位工程或工程项目竣工验收后，施工单位应及时整理交工技术资料，绘制主要工程竣工图，编制竣工结算书，经建设单位审查确认后，由建设银行办理工程价款拨付。因此，竣工决算是施工单位确定工程的最终收入，进行经济核算及考核工程成本的依据，是总结和衡量企业管理水平的依据，也是建设单位落实投资额，拟付工程价款的依据。

1. 竣工结算的依据

（1）《中华人民共和国合同法》、《中华人民共和国招标投标法》、《中华人民共和国预算法实施条例》等有关法律、行政法规。

（2）工程承发包合同及补充协议，中标投标书的报价单。

（3）设计、施工图及设计变更通知单，施工变更记录。

（4）采用的有关工程定额、取费定额及调价规定。

（5）经审查批准的竣工图、工程竣工验收单、结算报告等。

（6）工程质量保修书。

（7）其他有关资料。

2. 项目竣工结算原则

建筑工程项目竣工结算的办理应遵循以下原则：

（1）以单位工程或合同约定的专业项目为基础，对工程量清单报价的主要内容，包括项目名称、工程量、单价或计算结果，进行认真检查和核对，若是根据中标价订立合同的，应对原报价单的主要内容进行检查和核对。

（2）在检查和核对过程中，发现有漏算、多算或计算误差的，应及时进行调整。

（3）多个单位工程过程的施工项目，应将各单位工程竣工结算书汇总，编制单项工程竣工综合结算书。

（4）多个单项工程组成的建设项目，应将各单项工程综合结算书汇总编制建设项目总结算书，并编写编制说明。

3. 竣工结算的程序

由于工程项目的施工周期比较长，很多工程是跨年度施工的，而且一个项目可能包括很多单位工程，涉及面广，所以办理竣工结算应按一定程序进行。图 8-3 是工程竣工结算的程序。

工程竣工结算报告和结算资料，应按规定报企业主管部门审定，加盖专用章，在竣工验收报告认可后，在规定的期限内递交发包人或其委托的咨询单位审查。承发包双方应按约定的工程款及调价内容进行竣工结算。

工程竣工结算报告和结算资料递交后，项目经理应按照"项目管理目标责任书"的规

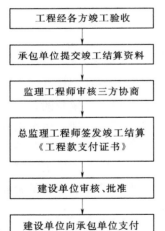

图 8-3 工程竣工
结算基本程序

定，配合企业主管部门督促发包人及时办理竣工结算手续。企业预算部门应将结算资料送交财务部门，进行工程价款的最终结算和收款。发包人应在规定期限内支付竣工结算价款。

工程竣工结算后，承包人应将工程竣工结算报告及完整的结算资料纳入工程竣工资料，及时归档保存。

（二）竣工决算

项目竣工决算是在工程竣工验收交付使用阶段，由建设单位编制的建设项目从筹建到工程验收、交付使用全过程中实际支付的全部建设费用。它以实物数量和货币为计量单位，综合反映了竣工验收的建设项目的实际造价和投资效益。竣工决算是整个建设项目的最终价格，是工程竣工验收、交付使用的重要依据。通过竣工决算，一方面能够正确反映建设工程的实际造价和投资结果；另一方面可以通过竣工决算与概算、预算的对比分析，考核投资控制的工作成效，总结经验教训，积累技术经济方面的基础资料，提高未来建设工程的投资效益。

1. 项目竣工决算的依据

编制项目竣工决算的主要依据如下：

（1）经批准的可行性研究报告及其投资估算书。

（2）经批准的初步设计或扩大初步设计及其总概算。

（3）经批准的施工图设计及其施工图预算。

（4）设计交底或图纸会审资料。

（5）合同文件。

（6）施工记录或施工签证单及其他施工发生的费用记录。

（7）竣工图及各种竣工验收资料。

（8）相关基建资料、财务决算及批复文件。

（9）设备、材料等调价文件和调价记录。

（10）有关财务核算制度、办法和其他有关资料、文件等。

2. 项目竣工决算的内容

竣工决算的内容应包括从项目策划到竣工投产全过程的全部实际费用。竣工决算的主要内容包括项目竣工财务决算说明书、项目竣工财务决算报表、工程造价对比分析等三个部分。其中竣工财务决算说明书和竣工财务决算报表又合称为竣工财务决算，它是竣工决算的核心内容。

（1）竣工财务决算报表。建设项目竣工财务决算报表要根据大、中型建设项目和小型建设项目分别制定。大、中型建设项目竣工决算报表包括：大、中型建设项目工程概况表（表8-2），大、中型建设项目竣工财务决算表（表8-3），大、中型建设项目交付使用资产总表（表8-4）。小型建设项目竣工财务决算报表包括：小型建设项目交付使用资产明细表（表8-5），小型建设项目竣工决算总表（表8-6）。

表8-2　　　　　　　　　　大、中型建设项目工程概况表

建设项目名称					项目	概算（元）	实际（元）	说明
建设地址		占地面积			建筑安装工程			
		设计	实际		设备、工具、器具			
					其他基本建设：1. 土地征用费 2. 生产职工培训费 3. 施工机构迁移费 4. 建设单位管理费 5. 联合试车费 6. 出国考察费 7. 勘察设计费			
新增生产能力	能力或效益名称	设计	实际					
				建设成本				
建设时间	计划	从　年　月开工至　年　月竣工						
	实际	从　年　月开工至　年　月竣工						
初步设计和概算批准机关日期、文号					合计			
完成主要工程量	名称	单位		数量	名称	单位	概算	实际
					钢材	t		
建筑面积和设备	m²	设计		实际	木材	m³		
	台/t				水泥	t		
收尾工程	工程内容	投资额	负责单位	完成时间	主要技术经济指标：			

表 8 - 3   **大、中型建设项目竣工财务决算表**

建设项目名称：

资金来源	金额（万元）	资金运用	金额（万元）	
一、基建预算拨款		一、交付使用财产		补充资料
		二、在建工程		
二、基建其他拨款		三、应核销投资支出		基本建设收入
		1. 拨付其他单位基建款		
三、基建收入		2. 移交其他单位未完工程		总计
		3. 报废工程损失		
四、专项基金		四、应核销其他支出		其中：应上交财政
		1. 器材销售亏损		
五、应付款		2. 器材折价损失		已上交财政
		3. 设备报废盈亏		
		五、器材		支出
		1. 需要安装设备		
		2. 库存材料		
合 计		六、专用基金财产		
		七、应收款		
		八、银行存款及现金		
		合 计		

表 8 - 4   **大、中型建设项目交付使用资产总表**

建设项目名称：   单位：元

工程项目名称	总 计	固 定 资 产				流动资产
		合 计	建筑安装工程	设 备	其他费用	

交付单位盖章   接受单位盖章
年 月 日   年 月 日

（2）竣工财务决算说明书。竣工财务决算说明书主要反映竣工工程建设成果和经验，是对竣工决算报表进行分析和补充说明的文件，是全面考核分析工程投资与造价的书面总结，其内容主要包括：

表 8－5　　　　　　　　　　　小型建设项目交付使用资产明细表

建设项目名称：

工程项目名称	建 设 工 程			设备、器具、工具、家具					设备安装费
	结构	面积（m²）	价值（元）	名称	规格型号	单位	数量	价值（元）	

交付单位盖章　　　　　　　　　　　　　　　　　　　　　　　　　接受单位盖章
　年　月　日　　　　　　　　　　　　　　　　　　　　　　　　　年　　月　　日

表 8－6　　　　　　　　　　　小型建设项目竣工决算总表

建设项目名称							项　目	金额	主要事项说明
建设地址				设计	实际	资金来源	1. 基建预算拨款 2. 基建其他拨款 3. 应付款 合计		
新增生产能力	能力或效益名称	设计	实际	初步设计或概算批准日期					
建设时间	计划		从　　年　　月开工至 　　年　　月竣工						
	实际		从　　年　　月开工至 　　年　　月竣工						
建设成本	项目	概算（元）	实际（元）			资金运用	1. 交付使用固定资产 2. 交付使用流动资产 3. 应核销投资支出 4. 应核销其他支出 5. 库存设备、材料 6. 银行存款及现金 7. 应收款 合计		
	建筑安装过程 设备、工具、器具 其他基本建设 1. 土地征用费 2. 生产职工培训费 3. 联合试车费 合计								

1）建设项目概况，对工程总的评价。一般从进度、质量、安全和造价、施工方面进行分析说明。进度方面主要说明开工和竣工时间，对照合理工期和要求，分析工期是提前还是延期；质量方面主要根据竣工验收委员会的验收评定结果；安全方面主要根据劳动工资和施工部门的记录，对有无设备和人身事故进行说明；造价方面主要对照概算造价，说明是节约还是超支，用金额和百分率分析说明。

2）资金来源及运用等财务分析。主要包括工程价款结算、会计账务的处理、财产物资情况及债权债务的清偿情况。

3）基本建设收入、投资包干结余、竣工结余资金的上交分配情况。通过对基本建设投资包干情况的分析，说明投资包干数、实际支用数和节约额、投资包干节余的有机构成和包干节余的分配情况。

4）各项经济技术指标的分析。概算执行情况分析，根据实际投资完成额与概算进行对比分析；新增生产能力的效益分析，说明支付使用财产占总投资额的比例、占支付使用财产的比例，不增加固定资产的造价占投资总额的比例，分析有机构成和成果。

5）工程建设的经验及项目管理和财务管理工作以及竣工财务决算中有待解决的问题。

6）决算与概算的差异和原因分析。

7）需要说明的其他事项。

（3）工程造价比较分析。对控制工程造价所采取的措施、效果及其动态变化进行认真的对比，总结经验教训。批准的概算是考核建设工程造价的依据。在分析时，可先对比整个项目的总概算，然后将建筑安装工程费、设备工器具费和其他工程费用逐一与竣工决算表中所提供的实际数据和相关资料及批准的概算指标、预算指标、实际的工程造价进行对比分析，以确定竣工项目总造价是节约还是超支，并在对比的基础上，总结先进经验，找出节约和超支的内容和原因，提出改进措施。在实际工作中，应主要分析以下内容：

1）主要实物工程量。对于实物工程量出入比较大的情况，必须查明原因。

2）主要材料消耗量。考核主要材料消耗量，根据竣工决算表中所列明的三大材料实际超概算的消耗量，查明是在工程的哪个环节超出量最大，再进一步查明超耗的原因。

3）考核建设单位管理费、建筑安装工程费和间接费的取费标准。建设单位管理费、建筑安装工程费和间接费的取费标准要按照国家和各地的有关规定，根据竣工决算报表中所列的建设单位管理费与概预算所列的建设单位管理费数额进行比较，依据规定查明是否少列或多列费用项目，确定其节约或超支的数额，并查明原因。

3．建设项目竣工决算的编制程序

项目进入到竣工验收交付使用阶段，编制工程竣工决算时应遵循相应的程序，才能保证竣工决算工作准确、顺利地进行。工程竣工决算的编制程序如图8-4所示。

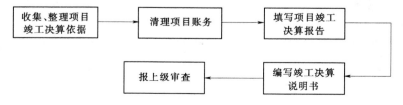

图8-4　工程竣工决算程序

（1）收集、整理有关项目竣工决算依据。为了做好竣工决算工作，保证竣工决算编制的完整性，在进行项目竣工决算之前，应认真收集、整理有关的项目竣工决算编制依据，做好各项基础工作。项目竣工决算的编制依据主要有：可行性研究报告、投资估算、设计文件及施工图、设计概算、变更记录、调价文件、批复文件、工程合同、工程结算、竣工档案等各种工程文件资料。

（2）清理项目账务、债务和结算物资。为了保证项目竣工决算编制工作能够准确有效地进行，在编制项目竣工决算时一个主要的环节是对项目账务、债务和结算物资的清理核对。这项工作主要是认真核实项目交付使用资产的成本，做好各种账务、债务和结余物资的清理工作，做到及时清偿、及时回收。清理的具体工作要做到逐项清点、核实账目、整理汇总、妥善管理。

（3）填写项目竣工决算报告。项目竣工决算报告中的各种财务决算表格中的内容应依据编制资料进行认真计算和统计，按有关规定进行填写，使之能综合反映项目的建设成果。

（4）编写竣工决算说明书。项目竣工决算说明书综合反映了项目从开始筹建到竣工交付使用为止全过程的建设情况，包括项目建设成果和主要技术经济指标的完成情况。

（5）报上级审查。项目竣工决算编制完毕，应将编写的文字和说明及填写的各种报表、结果反复认真校核装订成册，形成完整的项目竣工决算文件报告，及时报上级审查。

思　考　题

8-1　什么叫收尾管理？它包括哪些工作内容？

8-2　什么叫竣工结算？什么叫竣工决算？它们两者之间有什么区别？

8-3　竣工决算时的主要依据有哪些？竣工决算时遵循的程序是什么？

8-4　承发包双方在办理竣工结算时采用的结算依据有哪些？按照什么样的原则来办理竣工结算？

参　考　文　献

[1]　蔡雪峰．建筑工程施工组织管理．北京：高等教育出版社，2002.

[2]　钟汉华，薛建荣．水利水电工程施工组织与管理．北京：中国水利水电出版社，2005.

[3]　徐家铮．建筑施工组织与管理．北京：中国建筑工业出版社，2003.

[4]　张玉福．水利工程施工组织与管理．郑州：黄河水利出版社，2009.

[5]　中国建设监理协会．建设工程进度控制．北京：中国建筑工业出版社，2009.

[6]　朱宏亮，成虎．工程合同管理．北京：中国建筑工业出版社，2006.

[7]　王辉．建筑施工项目管理．北京：机械工业出版社，2009.

[8]　陈俊，常保光．建筑工程项目管理．北京：北京理工大学出版社，2009.

[9]　蒲建明．建筑工程施工项目管理总论．北京：机械工业出版社，2008.

[10]　编委会．建筑工程项目经理实用手册．天津：天津大学出版社，2009.

[11]　建筑工程项目管理便携手册．武汉：华中科技大学出版社，2008.

[12]　建筑工程施工项目管理指南．北京：中国建筑工业出版社，2007.

[13]　质量员．武汉：华中科技大学出版社，2008.

[14]　编委会．建筑工程施工项目质量与安全管理．北京：机械工业出版社，2007.